아름다운 집을 위한 특별한 아이디어 100가지

우리집 패브릭 인테리어

아름다운 집을 위한 특별한 아이디어 **100**가지

우리집 패브릭 인테리어

아카데미북

원서 제작팀 _ Abi Rowsell(편집자), Leigh Jones(총 미술 책임자), Claire Harvey(디자이너),
Zoe Holtermann(사진 조사원), Jill Morgan(《Your Home》 사진 코디네이터), Lucy Woodhead(생산 관리자)

지은이 _ 탐신 웨스턴(Tamsin Weston)

옮긴이 _ 한유미
한림대학교 전산과 졸업. 삼성전자에서 번역 업무를 맡아 했으며, 삼육대학교와 천안 나사렛 대학교,
기업 등에 출강했다. 컴퓨터 관련 도서 집필과 감수를 해 오고 있으면서, 컴퓨터 분야는 물론 실용, 문학 분야의 번
역가로 일하면서 영진닷컴, 정보문화사, 에이스미, 나들목 등 여러 출판사에서 도서 집필 및 번역서를 출간하였다.
번역서 및 집필 도서로 《일년을 행복하게 사는 마음의 지혜》, 《PowerPoint 2000 프레젠테이션 기획과 실전》,
《먹으면 젊어지는 최고의 음식》, 《다이어트에 좋은 최고의 음식》을 비롯하여 여러 권이 있다.

아름다운 집을 위한 특별한 아이디어 100가지
우리집 패브릭 인테리어

초판 1쇄 발행 ǀ 2007년 3월 20일
초판 2쇄 발행 ǀ 2007년 12월 20일

지은이 ǀ 탐신 웨스턴
옮긴이 ǀ 한유미
펴낸이 ǀ 양동현

펴낸곳 ǀ 도서출판 아카데미북
출판등록 ǀ 제13-493호
주소 ǀ 서울 성북구 동소문동4가 124-2
대표전화 ǀ 02) 927-2345 팩시밀리 ǀ 02) 927-3199
이메일 ǀ academy@academy-book.co.kr

ISBN 978-89-5681-063-8 / 13590

잘못 만들어진 책은 구입한 곳에서 바꾸어 드립니다.

www.academy-book.co.kr

Contents

들어가며

실내 장식품, 커버, 쿠션, 모포, 커튼, 블라인드 등을 선택하는 일은 방을 꾸미는 과정 중에서도 가장 재미있고 신이 나는 분야다.

색상과 무늬를 조합하는 방법은 매우 다양하기 때문에 좋아하는 색이나 천 견본으로 자신만의 '분위기 보드(mood board)'를 만들어 보는 것도 좋다.

여러 잡지를 보다가 자신이 좋아하는 분위기의 방을 발견했을 때 스크랩해 두는 것도 방법.

이렇게 해 두면 공사를 하기 전에 어떤 색상과 무늬가 잘 어울릴지를 결정하는 데 많은 도움이 된다.

빛나는 아이디어들

이 책의 각 장은 다음의 네 가지 섹션으로 나뉜다.

 **하루면 충분한 기본 아이디어**

하루 안에 끝낼 수 있을 정도로 기본적인 DIY 기술만 필요한 작업

 **바로 완성하는 즉석 아이디어**

따라하기 쉽고 반나절 안에 끝낼 수 있을 만큼 간단한 즉석 아이디어

! 톡톡 튀는 반짝 아이디어

마무리 터치 하나로 순식간에 변화를 줄 수 있는 반짝 아이디어와 현명한 구매를 위한 사진 모음

 **스타일이 돋보이는 아이디어**

원하는 분위기를 어떻게 만들어 낼 것인가에 대한 조언과 자신만의 스타일로 재창조하기 위한 전체적인 계획

이 책에 쓰인 상징 기호들

한번 슬쩍 보는 것만으로도 계획을 실행하는 데 시간이 얼마나 걸릴지, 그리고 얼마나 따라하기 쉬운지 알 수 있다.

 **시간** 예상 소요 시간

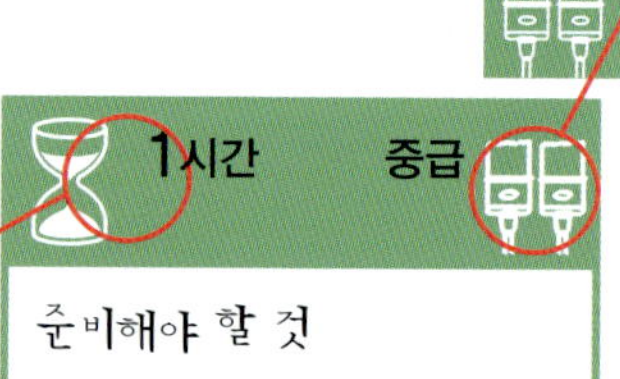

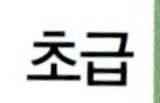 **난이도** 초급·중급·고급으로 나누어 단계별로 난이도를 알려준다.

초급 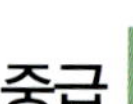

중급 

고급 

색상별 테마

셀 수 없을 만큼 다양한 색상 조합이 가능한데, 이 책에서는 꾸준히 인기를 끌고 있는 다섯 가지 테마
로 색상을 나누었다. 시대를 초월하여 사랑받는 고전적인 색상 조합(classic combinations), 다양한 연출
이 가능한 자연 색상(new naturals), 신선한 꽃무늬(fresh florals), 아름다운 파스텔 톤(pretty pastels), 대
담하고 밝은 원색(bold brights)이 그것이다. 대부분의 커튼과 쿠션, 깔개류 등을 만드는 사람들은 색상
을 선택하는 데 있어 일정한 패턴이 있다는 것을 알 수 있는데, 그것은 밝고 대담한 색에서부터 중간
톤으로 톤을 낮추거나 흐리고 연한 색상들을 조합하는 것이다.

　방 분위기를 바꿀 계획을 하고 있다면 장식용 벽지나 무늬가 들어간 패브릭을 기본으로 하기보다는
메인 컬러를 선택하는 일부터 시작하는 것이 좋다. 메인 컬러는 공간의 대부분을 차지하는 색상을 의미
한다. 메인 컬러를 선택했다면 메인 컬러의 절반쯤 사용하는 두 번째 색상을 선택한다. 마지막으로 쿠
션이나 트리밍, 액세서리처럼 작은 부분에 사용하는 악센트 컬러를 선택하면 된다.

천 선택하기

색상과 디자인이 방의 분위기를 결정짓는 데 매우 큰 비중을 차지한다는 사실을 알면 천을 고르는 것이
얼마나 중요한지 알 수 있을 것이다. 또 천의 크기는 그 천을 사용할 물건의 모양과 크기에 맞아야만
한다. 예를 들어 상대적으로 큰 물건에는 넓은 스트라이프 무늬를, 작은 물건에는 좁은 스트라이프 무
늬를 고르는 것이 좋다. 천이 얼마나 필요한지, 얼마나 많은 부분을 커버해야 하는지 생각해 보면 된다.

좀 더 조화로운 분위기를 연출하기 위해 무늬가 있는 천과 잘 어울리는 무지 천이 필요한가? 어쩌면 기본으로 사용하려고 하는 색상이나 무늬의 천을 이미 가지고 있을 수도 있다. 그런 경우에는 기본 천에 더해 좀 더 적은 부분에 사용할 색상과 무늬를 생각해야 한다.

　여러 가지 다른 무늬를 조합함으로써 색채감과 다양성을 줄 수도 있다. 예를 들어, 색상과 비율만 잘 선택한다면 꽃무늬가 테마인 침실에도 체크무늬나 스트라이프가 아주 잘 어울린다. 만약 이렇게 하는 것이 조금 어렵게 느껴진다면 세 가지 색상을 고수하라. 그러면 절대 실패하지 않을 것이다.

현실적으로 고려해야 할 사항들

이때는 실용적인 문제를 간과해서는 안 되는데, 특히 내구성을 고려해야 한다. 방의 용도나 방을 사용할 사람 등의 문제도 물론 중요하다. 어린아이나 청소년이 있는 집이라면 세탁기에 빨아도 문제없는 커버를 선택하는 것이 좋다. 오염 방지 처리가 된 패브릭을 사용하는 것도 좋지만 소방안전법에 적합한 소재인지를 먼저 확인해 보는 것이 좋다. 하지만 가장 중요한 것은 역시 선택한 가구가 과연 편안한가(특히 쓰임새가 많은 경우) 하는 것이다.

1 시대를 초월하여 사랑받는 **고전적인 색상 조합** classic combinations 심플하면서도 인상적인 파란색과 흰색 천의 조합은 여러 가지 다양한 스타일에 잘 어울린다.

2 **다양한 연출이 가능한 자연 색상** new naturals 중간 톤의 실내 장식은 연출하기도 쉽고, 어떤 방에나 잘 어울린다. 크리미하고 내추럴한 컬러가 부드럽고 따스한 느낌을 준다면 커피나 초콜릿색 같은 진한 색은 깊이와 명암을 더해 준다.

3 **신선한 꽃무늬** fresh florals 꽃무늬 패브릭은 선택의 폭이 굉장히 넓다. 또 어떤 디자인을 고르느냐에 따라 고풍스런 분위기도 낼 수도 있고, 모던한 분위기도 낼 수 있을 만큼 어디에나 잘 어울린다.

4 **아름다운 파스텔 톤** pretty pastels 눈을 편안하고 즐겁게 해 주는 파스텔 색조는 지나치게 강렬하지 않으면서도 여러 가지 색상들과 조합하기에 매우 좋다.

5 **대담하고 밝은 원색** bold brights 진한 색은 극적인 느낌을 준다. 주로 식당이나 어린이 방에 많이 쓰이지만 거실이나 침실에도 망설이지 말고 과감하게 사용해 보자.

침실

침구류는 침실 분위기를 결정짓는 가장 중요한 포인트다. 매우 다양한 스타일과 색상, 무늬의 침구류가 있는데, 전통적인 색상과 스타일은 전통적인 분위기에 잘 어울리고, 중간 톤이나 밝은 색, 대담한 무늬는 보다 모던한 분위기에 잘 어울린다. 단색으로 이루어진 방이나 엷고 흐릿한 색으로 이루어진 방은 편안한 분위기를 연출한다. 많은 사람들이 자신이 좋아하는 침구류를 중심으로 침실을 어떤 분위기로 꾸밀지를 결정한다. 물론 어울리는 색상을 고르는 데 좋은 방법이기는 하지만 강조색과 보다 세부적인 장식들을 더하는 것도 잊지 말아야 한다.

마무리 손질

방 전체를 바꾸고 싶지 않을 수도 있다. 때로는 작은 터치 하나가 큰 차이를 만들어 내고, 심지어 방 전체 분위기를 완성시키기도 한다. 의자 하나를 천갈이하는 것만으로도 방 전체 분위기를 바꿀 수 있다. 거실의 경우 소파가 가장 중요한데, 멋지게 꾸며진 소파가 방 전체 분위기와 잘 어울린다면 어떤 무늬의 배열로 이루어져도 상관없다.

 쿠션이나 모포, 작은 천 조각, 전등 갓, 소품 같은 작은 장식 하나가 방 전체 분위기를 완성하는 데 중요한 역할을 한다. 쿠션 커버와 모포는 비싸지 않으면서도 다양한 분위기를 연출하거나 색채감을 더해 주는 아주 좋은 방법이다. 트리밍 장식 또는 술 장식을 달거나 끈 장식 같은 섬세한 연출로도 변화를 줄 수 있다.

기본 도구

양재용 가위

줄자 또는 철제 자

다리미와 다리미 대

펜슬

재단용 초크나 펜슬

시침핀과 바늘

재봉틀

면사와 바늘

가위

천을 재단하기 위해서는 좋은 재단 가위를 마련하는 것이 중요하다. 요즘은 오른손잡이용뿐만 아니라 왼손잡이용 가위도 나와 있으므로 편리하게 이용할 수 있다. 작은 크기의 자수용 가위에서 커다란 재단 가위에 이르기까지 사이즈도 다양한데, 20~25cm 정도가 적당하다. 가장자리를 정리하거나 깎아 낼 때 쓰는 작은 가위도 하나쯤 갖고 있으면 편리하다.

줄자

커튼을 잴 때 쓰는 3m짜리 줄자와 모서리나 둥근 부분을 잴 때 쓰는 작고 부드러운 줄자를 하나씩 갖고 있으면 좋다. 쿠션 같은 사각형 모양 천이 필요할 때 쓰는 철로 된 단단한 자도 하나쯤 갖고 있으면 사각형을 재단할 때 매우 유용하다.

바늘

어떤 천과 어떤 실을 사용할 것인지에 따라 다양한 크기와 길이, 굵기의 바늘이 필요하다.

시침핀

질 좋고 예리한 시침핀은 곱고 얇은 천이나 두꺼운 천에 상관없이 두루두루 유용하다. 다루기 쉽고, 패브릭에 꽂아도 쉽게 눈에 띄도록 머리 부분에 둥근 글라스 장식이 되어 있는 것이 편리하다. 머리 부분에 장식이 되어 있는 것을 사용하면 천에 꽂을 때 손가락을 다칠 염려도 없다.

양면 접착 심지

단을 처리하는 데 유용한 도구다. 사용 설명서에 나와 있는 대로 사용하면 된다. 다리미를 이용하여 붙일 때는 젖은 스펀지가 필요하다.

아일릿 키트 eyelet kits

아일릿 키트는 아일릿과 아일릿을 천에 박을 때 쓰는 도구 세트로 구입이 가능한 패키지다. 크기도 다양하고, 마무리도 금이나 은 등으로 처리된 다양한 제품이 나와 있다.

재단용 초크

천에 임시로 자국이 나지 않는 표시를 하거나 영원히 지워지지 않는 표시를 하고 싶을 때 사용하는 도구로, 매우 유용하다. 납작한 것도 있고 펜슬 형태로 된 것도 있고 여러 가지다.

면사와 바늘

실땀이 밖으로 보일 때는 실과 천 색깔을 맞춰야 한다. 어쩌다 바느질이 잘못 되었을 경우, 폴리에스터 실은 굉장히 질기기 때문에 패브릭에 구멍이 날 수 있어서 실을 한 땀 한 땀 뜯어 풀거나 가위로 잘라야만 한다. 하지만 면사를 이용하면 그냥 뜯어내기만 하면 된다.

재봉틀

재봉틀을 사용하는 것이야말로 가장 빠르고 효과적인 방법이다. 물론 시간도 많이 절약할 수 있다. 재봉틀을 사용하기 전에 인장 장치가 제대로 작동하는지 확인하기 위해 자투리 천에다 여러 가지 방법으로 연습해 보는 것이 좋다. 대부분의 재봉틀에는 여러 가지 다양한 바느질 기능이 있으므로 내려고 하는 효과에 따라 다양한 방법을 이용할 수 있다.

고전적인 색상 조합
Classic Combinations

시대를 초월하여 언제나 인기 있는 고전적인 색상은 어떻게

연출하고 어떤 가구와 함께 배치하느냐에 따라 **고전적**

분위기에도 잘 어울리고 **모던한** 분위기에도 잘 어울린다.

파란색과 **흰색**은 어디에나 잘 어울리는데, 여기에 **빨간색**을

조금 더하면 전혀 다른 느낌을 연출할 수 있다. **빨간색**과 **흰색**이

어우러지면 **극적**이면서도 **대담**한 효과를 낼 수 있다. 이 두

가지 색상을 적절하게 조화시키면 주방이나 식당을 멋지게

꾸밀 수 있다. 이런 고전적인 스타일에다 중간 톤 색상을

더하면 깔끔하고 **신선**하면서도 **세련된** 분위기를

연출할 수 있다.

깅엄 리본으로 만드는 테두리 장식 Gingham border

순백색 침구류에 깅엄 리본을 붙여 산뜻하게 꾸민다. 네이비블루 체크를 이용하여 신선하고
깔끔한 분위기를 연출한다.

1 시침핀을 이용하여 시트의 단 가장자리를 따라 폭이 넓은 리본을 고정한다. 모서리 부분을 지날 때는 리본이 직각이 되도록 신경 써서 접어서 돌린다. 재봉틀을 이용하여 리본 안쪽과 바깥쪽 테두리를 박는다.

2 베갯잇용 두 개를 포함하여 120cm 길이의 폭이 좁은 리본 여섯 개를 준비한다. 네 개의 리본은 사진에서 보이는 것처럼 8자 모양으로 만들어 시트 네 귀퉁이에 시침핀으로 고정한다. 리본의 안쪽과 바깥쪽 테두리를 박는다.

3 편편한 바닥에 시트를 내려놓고 안쪽 사각 테두리를 만들 위치를 시침핀으로 표시한다. 표시된 가장자리를 따라 폭이 좁

⏳ **4시간** **중급**

준비해야 할 것
- 폭 39mm, 길이 12.5m 리본
- 폭 23mm, 길이 9m 리본
- 흰색 시트
- 흰색 베갯잇
- 시침핀
- 가위
- 재봉틀
- 다리미

은 리본을 놓고 시침핀으로 고정한다. 네 귀퉁이에서 리본을 조심스럽게 꼬아 사진에서 보이는 것처럼 8자 모양으로 만들어 가능한 한 납작하게 눌러 놓는다. 시침핀으로 리본을 고정한 뒤 바깥 테두리부터 리본의 양 가장자리를 박는다.

4 남겨 둔 두 개의 좁은 리본을 같은 방법으로 8자 모양으로 만들어 베개 커버 하나에 리본 한 개씩 시침핀으로 고정한다. 바깥 테두리 리본의 양 가장자리를 박는다. 미지근한 온도에서 다림질한다. 좀 더 조화로운 연출을 위해 다른 소품에 8자 모양 리본을 붙이는 것도 괜찮은 방법이다.

미국 민속풍의 벽걸이 장식 American folk wallhanging

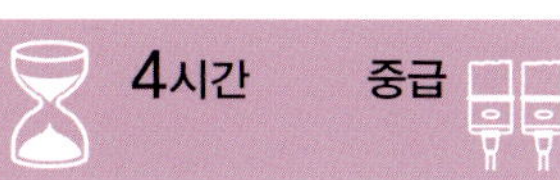

깅엄* 천과 데님, 줄무늬 조각천들을 이용하여 전통적인 미국 민속풍 패치워크(조각보) 벽걸이
장식을 만든다.

1 순색 면을 준비하여 일정한 크기의 정사각형 열여섯 개를 재단한다. 재단한 천을 모두 모아 붙여 큰 사각형을 만들어 시침핀으로 고정한 뒤 재봉틀로 솔기 부분을 박는다.

2 여러 가지 다른 무늬와 재질의 천으로 열여섯 개의 하트 모양을 만들어 양면 접착 심지(열접착 심지)를 이용해 정사각형 하나하나마다 하트를 한 개씩 붙인다. 수공예품 분위기를 강조하기 위해 각 하트의 테두리를 굵은 무명실을 이용한 블랭킷 스티치로 마감한다.

3 어울리는 색상의 깅엄 천으로 바깥 테두리용 긴 조각천 네 개를 재단하여 시침핀으로 고정한다. 깅엄 리본으로 사각형 네 개를 재단하여 방금 붙인 조각천의 네 귀퉁이에 꿰맨다. 시침핀으로 고정한 테두리를 박는다.

4 어울리는 색상의 단색 천으로 테두리 천을 네 개 오린 다음 가장 바깥쪽에 올 테두리를 만들어 박는다. 뒷면에는 충전 솜을 넣는다.

5 깅엄 리본을 짧게 잘라 벽걸이 윗부분에 걸이용 고리를 만들어 천 뒷부분에 박는다. 마지막으로 단색 천으로 벽걸이 뒷면을 덮고 리본 고리 사이에 목재 커튼 봉을 끼워 벽에 건다.

⏳ **4시간**	**중급**

준비해야 할 것

- 2가지 색깔의 무지 천
- 무늬가 들어간 천 조각
- 깅엄 리본
- 양면 접착 심지
- 재단용 초크나 펜슬
- 충전용 솜
- 기다란 나무 봉
- 가위
- 줄자
- 시침핀
- 굵은 무명실
- 재봉틀 또는 바늘과 면사

* 깅엄 : 줄무늬 또는 바둑판무늬의 면포

정원용 의자 쿠션 Garden chair cushions

심플한 무늬의 티타월을 이용하여 정원용 의자에 놓을 방석과 주머니 달린 의자 등받이를 만든다.

2시간　　**중급**

준비해야 할 것

- 대형 티타월 4개
- 40cm 길이의 새틴 리본 8개
- 40cm×30cm 크기의 쿠션 패드
- 45cm×45cm 크기의 쿠션 패드
- 가위
- 줄자
- 시침핀
- 재봉틀 또는 바늘과 면사
- 다리미

1 의자 등받이용 티타월 두 개를 양옆 솔기를 쳐서 너비가 44cm 되게 만든다. 겉면이 위로 오게 하여 티타월 한 장을 편 편한 바닥에 펴놓는다. 한쪽 끝을 접어서 23cm 깊이의 주머니 를 만든다. 2cm 정도 솔기를 만들 여유를 남겨 두고 시침핀을 꽂은 다음 양옆을 박는다. 솔기를 갈라 다린 다음 바른쪽이 겉 으로 오도록 뒤집는다. 두 번째 티타월도 같은 방법으로 처리 한다.

2 주머니가 있는 면을 위로 오게 하여 등받이용 타월 하나를 편편하게 놓는다. 두 번째 타월도 주머니 부분을 위쪽으로 오 게 하여 그 위에 얹는다. 위쪽 가장자리를 함께 고정한 다음 등받이가 의자에 맞는지 확인한다. 주머니가 너무 많이 아래쪽 으로 처져 있다면 시침핀의 위치를 조정해 가며 알맞은 위치에 오도록 한다. 2cm 정도 폭의 솔기로 두 장을 함께 박는다. 솔 기를 갈라 다림질한 다음 바른쪽이 겉에 오도록 뒤집는다.

3 작은 쿠션 패드를 앞주머니에 집어넣은 다음 등받이를 의자 에 맞춰 본다. 리본을 달 위치를 양쪽 주머니에 표시한 다음 주머니 양쪽에 깔끔하게 박는다. 리본을 묶어서 등받이를 고정 한다.

4 방석용 커버를 만들기 위해 티타월 한 장을 49cm×49cm 크기의 정사각형으로 자른다. 남은 티타월 한 장은 세로 편의 양쪽 단을 처리하고 49cm 정도 너비로 직사각형을 만든 다음 다시 가로로 반을 자른다. 정사각형으로 만든 티타월을 겉면이 위로 오게 하여 편편한 바닥에 놓는다. 반으로 자른 타월 두 장을 정사각형 티타월과 겉끼리 맞닿게 하여 가운데 부분에 단 이 겹치도록 한다. 방석 커버의 가장자리를 시침핀으로 모두 고정한 다음 2cm 정도 솔기 여유분을 두고 재봉틀로 박는다.

5 시침핀을 빼고 커버를 바 른쪽이 바깥으로 나오도록 뒤 집는다. 커버 모서리에 리본을 단다. 정사각형 쿠션 패드를 집어넣은 다음 의자 뒤쪽에 리본 끈을 묶어 고정한다.

패브릭 큐브 Fabric cube

천으로 만든 다용도 큐브는 손님이 왔을 때 편안한 의자로도 쓸 수 있고, 테이블로도 유용하다.

1 충전재를 펼쳐서 테이블 윗면을 덮는다. 가장자리까지 충전재를 펼쳐 늘인 다음 건타카를 이용하여 테이블 위쪽에서 아래쪽으로 고정한다. 테이블의 네 면을 모두 충전재로 둘러 상자 모양으로 만든 다음 다시 건타카를 이용하여 고정한다.

2 테이블 윗면과 옆면을 줄자로 잰다. 크기에 맞춰 천 다섯 조각을 자르는데, 가장자리 여유분을 1cm 둔다. 큐브 옆면을 두르기 위해서 네 조각의 천을 꿰매는데, 겉끼리 맞닿도록 한다. 윗면을 덮을 천을 옆면에 고정한 뒤에 꿰맨다. 바른쪽이 바깥으로 나오도록 뒤집은 뒤에 다림질한다. 바닥 쪽 가장자리를 감침질한 다음 테이블에 커버를 씌운다.

3 큐브 윗면의 크기를 재어 그에 맞게 폼을 자른다. 같은 크기로 패브릭 두 조각을 자르는데, 이때 가장자리 솔기 여유분을 2cm 정도 남겨 둔다.

4 1cm 솔기 여분을 둔 채로 천을 겉끼리 대어 박는다. 한쪽 끝은 꿰매지 않은 채로 남겨 둔다. 바른쪽이 겉으로 나오도록 뒤집은 다음 안쪽에 폼을 채워 넣는다. 열려 있는 가장자리를 꿰맨 다음 테이블 위에 폼을 놓는다.

3시간 · **중급**

준비해야 할 것
- 작은 정사각 탁자
- 천
- 충전재
- 2cm 두께의 폼
- 가위
- 건타카*
- 줄자
- 시침핀
- 재봉틀 또는 바늘과 면사
- 다리미

* 건타카 : 스테플러를 찍는 총

체어 러너 Chair runners

심플하지만 우아한 천 커버를 이용하여 단조로운 식탁 의자를 냅킨과 식탁보에 어울리게
연출한다.

1 의자 크기에 맞추어 패브릭을 재단한다. 의자 뒷면 바닥에서 의자 맨 윗부분을 지나 의자 앞쪽 등받이, 의자, 그리고 앞쪽 바닥에까지 닿을 수 있는 길이만큼 자른다. 가장자리에 끝단 여유분을 1cm씩 준다.

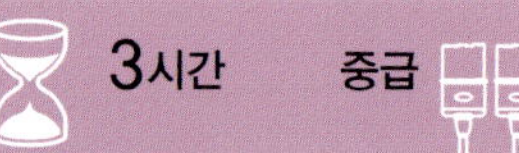

3시간　　**중급**

준비해야 할 것

- 리본
- 패브릭
- 줄자
- 시침핀
- 재봉틀 또는 바늘과 면사
- 다리미

2 먼저, 정리하지 않은 끝단을 접어 시침핀으로 고정한 다음 단을 정리한 뒤 다리미로 눌러 준다. 의자 위에 러너를 놓는다.

3 시침핀을 이용하여 의자 뒤 양쪽 아래에 리본 끈을 달 위치를 표시한다.

4 러너 양옆에 묶을 끈을 만들기 위해 리본 두 개를 자른다. 의자 위에 러너를 놓고 천에 리본 끈을 박아 고정한다. 의자 뒷면과 앉는 부분이 맞닿는 자리에 끈을 단다. 끈을 꿰맨 다음 의자 다리를 리본 모양으로 묶는다.

컬러풀한 커튼 발란스 Colorful curtain tops

만들기 쉬운 체크무늬 발란스로 심플한 무지 커튼에 생기를 주어 전원적인 분위기를 연출한다.

1 커튼에 달려 있는 발란스를 떼어 낸다. 솔기가 뜯어진 부분이 있으면 다시 박는다. 발란스용 패브릭은 미리 잘 빨아 다려서 바느질하기 좋게 준비한다.

2 폭은 커튼보다 16cm 더 넓게, 길이는 원하는 길이보다 10cm 더 길게 발란스용 커튼을 자른다. 발란스의 밑면이 될 부분은 1cm씩 두 번 접어 바느질한다. 나머지 면도 모두 단 처리한다.

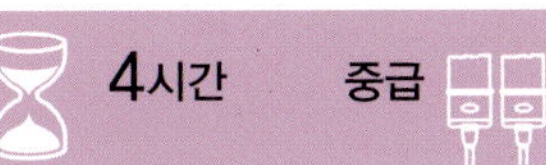

4시간 **중급**

준비해야 할 것

- 무지 커튼
- 발란스용 천
- 줄자
- 가위
- 커튼 링
- 커튼 집게
- 재봉틀 또는 바늘과 면사
- 다리미

3 두 겹 단이 위로 보이도록 편편한 바닥에 발란스용 천을 놓는다. 발란스용 천은 겉면은 아래로 가게 하고 그 위에 커튼의 겉면이 위로 오게 하여 놓는데, 둘의 중심이 만나도록 하여 커튼이 가운데 놓이게 한다. 발란스와 커튼이 7cm 간격으로 겹치게 한다. 커튼과 발란스를 함께 고정하기 위해 커튼 윗부분을 바느질한다(완성되면 이 부분은 보이지 않는다).

4 발란스를 커튼의 겉면 쪽으로 접은 다음 커튼 뒷면의 단 부분을 발란스의 남은 솔기로 감싼다. 단을 전부 손바느질한다. 두 번째 커튼도 같은 방법으로 한다. 커튼 링을 봉에 끼운 다음 커튼에 커튼 집게를 끼워 창에 단다.

블랭킷 박스 Blanket Box

잡동사니들로부터 침실을 해방시켜 줄 수납 겸용 의자를 만들어 보자.

1 궤의 크기를 재어 필요한 사개물림 판의 양을 계산한다. 선택에 따라 박스 전체를 다 덮을 수도 있고, 앞면과 옆면만 덮을 수도 있다. 만약 폭이 정확하게 맞지 않는다면 딱 맞도록 널빤지를 다듬는다. 사개물림 널판에 표시한 다음 사이즈에 맞춰 자른다.

2 궤에 사개물림 판을 고정할 때는 목재용 접착제를 이용한다. 접착제가 마른 다음 박스 전체에 목재용 하도제를 한 겹 발라 잘 말린다. 유성 페인트를 한두 겹 정도 발라서 잘 말린다.

5시간 중급

준비해야 할 것

- 뚜껑 달린 나무 상자
- 사개물림 판*
- 천
- 4cm 두께의 폼
- 목재용 강력 접착제
- 목재용 하도제**
- 페인트 붓
- 조각도
- 톱
- 펜슬
- 줄자
- 시침핀
- 벨크로(찍찍이 테이프)
- 재봉틀 또는 바늘과 면사

3 궤의 덮개에 맞춰 폼을 재단한다. 천은 폼의 가로보다 40cm(16인치) 더 넓게, 폼의 사면은 각각 15cm 여유분을 두고 재단한다. 긴 쪽 단을 밑으로 1.5cm 접어 넣어 박는다. 천 안쪽 면의 가운데에 폼을 놓는다. 긴 쪽을 접어서 천이 폼의 중간에 겹치도록 한다.

4 짧은 쪽을 접고 선물을 포장할 때처럼 귀퉁이는 45도 각도로 깔끔하게 접어 넣어 시침핀으로 고정한다. 폼을 치우고 시침핀을 꽂은 부분을 손바느질한다. 중앙 솔기에 벨크로를 꿰매어 단다. 폼 패드를 다시 자리에 놓고 벨크로를 이용해 창구멍을 여민 다음 솔기가 아래로 가게 하여 궤의 덮개 위에 쿠션을 놓는다.

*사개물림 판 : 목공 짜임새의 하나로, 손가락 물림이라고도 함. 두 판의 목재를 직각으로 짤 때 판에 톱니 모양을 만들어 서로 물리게 하여 직각 모양을 만드는 것.

**목재용 하도제 : 목재에 페인트칠이 잘되도록 미리 바르는 칠 종류

보일과 깅엄으로 만드는 블라인드 Voile and gingham blind

심플한 민무늬의 보일 블라인드에 파란색과 흰색 체크무늬를 넣어 예쁘게 연출한다.

1 보일을 창문 너비보다 2cm 넓게, 길이는 18cm 짧게 재단한다. 깅엄 너비는 창문보다 2cm 넓게, 길이는 22cm로 재단한다.

2 보일의 아랫단에 깅엄의 긴 면이 오도록 하여 보일과 깅엄 조각을 함께 놓는다. 이때 겉끼리 대어 놓는다. 끝에서 1cm 단을 주고 함께 박는다. 솔기를 잘 다림질한다. 하나가 된 보일과 깅엄의 사방 가장자리에 1cm 단을 접어 다리미로 다린 뒤 다림질한다.

3 커튼 폭에 맞춰 벨크로 테이프를 자른다. 벨크로 테이프의 한쪽 면을 창틀 윗면에 고정한 다음 다른쪽 면을 커튼 뒷면 위쪽에 고정한다. 벨크로 테이프를 눌러 붙여 커튼을 제 위치에 고정한다.

1시간　　초급

준비해야 할 것
- 무지 커튼
- 발란스용 천
- 커튼 링
- 커튼 집게
- 줄자
- 가위
- 재봉틀 또는 바늘과 면사
- 다리미

커튼 꾸미기 비법 Curtain tricks

티타월로 만드는 카페식 커튼 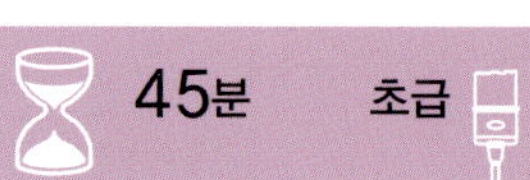Tea towel café curtains

창문 중간쯤에 커튼 와이어를 걸쳐서 단다. 와이어의 양쪽 끝은 고리 나사를 이용하여 고정한다. 와이어에 티타월을 건 다음 나무 빨래집게로 고정한다.

⏳ **45분**　초급 🖌

준비해야 할 것

- 티타월 2장
- 커튼 와이어
- 고리 나사
- 나무 빨래집게

색상 대비가 돋보이는 커튼 Contrasting curtains

좀 더 긴 커튼을 만드는 간단한 방법은 세탁으로 인해 줄어든 커튼과 더 큰 창에서 떼어 낸 커튼을 재활용하는 것이다. 두 커튼의 아랫단에 커튼과 선명하게 대비되는 색상의 천을 넓은 직사각형 모양으로 만들어 붙이면 된다. 직사각형 모양의 가장자리를 감침질한 다음 커튼 아래쪽에 박는다.

⏳ **2시간**　초급 🖌

준비해야 할 것

- 커튼
- 커튼과 선명하게 대비되는 색상의 천
- 줄자
- 가위
- 재봉틀 또는 바늘과 면사
- 다리미

리본으로 거는 커튼 Easy tie-up curtain

창문 크기에 맞게 천을 재단한다. 재단할 때는 주름을 잡기 위해 원래 너비의 1/3 정도 여유분과 단 여유분을 준다. 끝단 부분은 다리미로 누른 뒤 양면 접착 심지로 고정한다. 재단용 초크나 펜슬로 커튼 위쪽에 아일릿 위치를 표시하는데 간격은 15cm 정도로 하고, 양끝은 2cm 정도씩 남겨 둔다. 아일릿 키트를 사용하여 펜슬로 표시한 자리에 아일릿을 고정한다. 리본 테이프를 짧게 잘라 아일릿에 끼운 뒤 커튼을 봉에 묶는다.

	1시간	초급

준비해야 할 것

- 커튼용 천
- 양면 접착 심지
- 아일릿 키트
- 리본 테이프
- 재단용 초크나 펜슬
- 줄자
- 가위
- 다리미

폴라플리스 장식 술 타이백 Fleece tassel tie back

사각형 모양의 폴라플리스를 대각선 방향으로 반으로 잘라 두 개의 삼각형을 만든다. 삼각형 모양의 폴라플리스를 폭이 넓은 쪽에서 꼭지점 쪽으로 말아 소시지 모양으로 만든 다음 바늘로 꿰매어 고정한다. 다 만들어진 술 위에 가는 노끈으로 된 고리를 만들어 박는다. 가는 노끈으로 두 개의 원 모양을 만들어 술 장식에 각각 박음질하여 단다. 완성된 술 장식으로 커튼을 둘러 굵은 노끈에 매단다.

	1시간	초급

준비해야 할 것

- 폴라플리스 38cm×18cm
- 가는 노끈
- 굵은 노끈
- 가위
- 면사와 바늘

빨간색과 흰색의 조화 Red and white

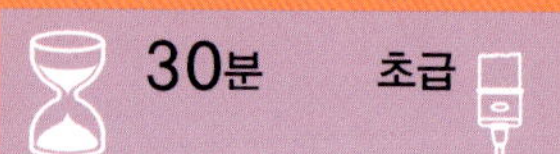

집게로 예쁜 주름을 낸 커튼 Pincer clip drapes

창 크기에 맞춰 천을 재단한다. 주름을 내기 위해 원래 폭보다 1/3 정도 여유분을 주고, 단도 여유분을 준다. 다리미로 끝단 부분을 접어 누른 뒤 양면 접착 심지로 고정한다. 커튼의 앞면이 바닥에 오게 편편한 곳에 펼쳐 놓는다. 초크나 펜슬, 자를 이용하여 커튼 윗부분에 7.5cm 간격으로 표시를 한다. 표시한 자리마다 집게를 꽂은 다음 커튼 링에 연결한다.

⏳ **1시간**　초급

준비해야 할 것
- 커튼용 천
- 양면 접착 심지
- 집게
- 커튼 링
- 줄자
- 가위
- 자
- 재단용 초크나 펜슬
- 다리미

선반에 단 장식 달기 Shelf trim border

밋밋해 보이는 선반에 천으로 만든 단 장식을 달아 보자. 천뿐만 아니라 레이스나 리본, 띠 벽지를 이용해도 된다. 선반 단에 붙일 천을 선반 길이에 맞춰 재단한 다음 양면 테이프나 압정을 이용해 붙인다.

⏳ **30분**　초급

준비해야 할 것
- 천 또는 띠 벽지
- 줄자
- 가위
- 양면 테이프 또는 압정

예쁜 창문용 패널 Pretty window panel

천을 20cm 길이의 정사각형으로 재단하여 면사를 꿴 바늘이나 양면 접착 심지를 이용하여 가장자리를 단 처리한다. 예쁜 손수건이나 나염 스카프 여러 장을 이용해도 된다. 정사각형으로 자른 패널에 커튼 클립을 단 뒤 커튼 봉이나 창문보다 위쪽에 봉을 새로 달아 거기에 걸어도 된다.

2시간　초급

준비해야 할 것
• 꽃무늬 천, 손수건이나 스카프
• 양면 접착 심지
• 커튼 집게
• 커튼 봉
• 줄자
• 가위
• 면사와 바늘

책에 천 커버 씌우기 Fabric-covered books

체크무늬나 줄무늬, 무지 천을 사용하여 책에 화사함을 더한다. 먼저 책 전체를 감쌀 수 있을 만큼 충분한 양의 천을 준비한다. 책에 사방으로 각각 5cm씩 여유분을 두고 재단하여 강력 접착제로 천을 붙인다. 실과 바늘을 이용해 단추를 달거나 술 장식을 해도 좋다.

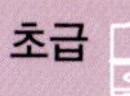

45분　초급

준비해야 할 것
• 자투리 천
• 책
• 줄자
• 가위
• 강력 접착제
• 단추와 술 장식

초고속으로 커버 만들기 Fast cover-ups

데님 바닥 쿠션 Denim floor cushion

데님으로 지름 50cm 정도의 원을 두 장 준비한다. 재단한 원의 둘레에 맞는 길이와 폭 20cm짜리 긴 조각을 재단한다. 천을 겉끼리 맞대어 2cm 정도 솔기 여유분을 남겨 두고 원 둘레를 따라 시침핀으로 쭉 고정한다. 한쪽에는 지퍼를 달 자리를 남겨 둔다. 지퍼를 시침핀으로 고정한 뒤에 박는다. 쿠션 커버의 겉면이 나오도록 뒤집은 다음 폼 조각이나 폴리스티렌 볼로 쿠션을 채운다. 쿠션이 빵빵해지면 지퍼를 닫는다.

2시간		**초급**

준비해야 할 것

- 데님
- 쿠션을 채울 폼 조각이나 폴리 스티렌 볼
- 지퍼
- 줄자
- 가위
- 시침핀
- 재봉틀

데님 베갯잇 Denim pillowcases

기존의 베개 커버를 줄자로 재서 크기를 참고하면 좋다. 천 두 장을 재단하는데, 단 여유분을 2.5cm 준다. 이때 한 장은 베개 여밈 부분을 위한 여유분 15cm를 주어 길게 재단한다. 더 길게 자른 쪽의 단을 처리한 뒤 편편한 바닥에 겉면이 아래로 가게 하여 내려놓는다. 여밈 부분 15cm를 접고 양쪽을 시침핀으로 고정한 뒤 바느질한다. 그런 다음 다른 쪽의 가로 부분(짧은 면) 끝단을 처리한다. 준비한 천 두 장을 겉끼리 맞대어 놓고 여밈 부분을 제외한 나머지 세 면을 박는다. 여밈 부분으로 베갯잇을 뒤집은 다음 베개 여밈 부분에 단추를 단다.

1시간		**초급**

준비해야 할 것

- 데님이나 저지
- 단추
- 가위
- 줄자
- 시침핀
- 재봉틀 또는 바늘과 면사

식탁 의자 리폼하기 Revamped dining chairs

의자에 붙어 있는 방석 부분을 걷어 낸 뒤 페인트칠이 잘되도록 사포로 가볍게 문질러 남아 있는 니스를 제거한다. 남아 있는 먼지와 기름기를 제거하기 위해 휘발유로 닦는다. 목재용 하도제를 칠하여 잘 말린 다음 에멀전 페인트를 여러 겹 바른다.

페인트가 다 마르면 밀랍을 의자 틀에 칠하고 부드러운 천으로 광이 나도록 부드럽게 닦는다.

의자의 쿠션 부분을 충분히 감쌀 만큼 천을 재단한다. 방석 아래쪽으로 끼워 넣을 여유분을 10cm 정도 준다. 천으로 의자의 쿠션 패드를 덮은 다음 쿠션 패드를 들어올린다. 의자 앞부분의 여유분을 접어 넣고 건타카로 밑면을 고정한다. 천을 팽팽하게 잡아당겨 의자 뒷부분에 접어 넣고 건타카로 고정한다. 모서리 부분도 잘 접어 건타카로 고정하고 다시 천을 팽팽하게 잡아당기면서 남은 부분도 건타카로 잘 고정한다. 쿠션 패드를 다시 제자리에 놓는다.

<table>
<tr><td>

1시간 의자 한 개당   중급 

준비해야 할 것

- 의자
- 부드러운 천
- 의자 쿠션용 천
- 사포
- 휘발유(백유)와 천
- 목재용 하도제
- 에멀전 페인트
- 밀랍
- 페인트 붓
- 가위
- 건타카

</td></tr>
</table>

패턴 홀 블라인드 Pattern hole blind

트레이싱 페이퍼 위에 연필로 원하는 디자인을 그린다. 블라인드 안에 디자인이 딱 들어맞아야 하는데, 모양이 단순해야 잘라 내기 쉽다. 펜슬로 그린 면이 닿도록 하여 블라인드 뒷면에 트레이싱 페이퍼를 댄다. 연필 자국이 블라인드에 묻어나도록 디자인 윤곽을 따라 눌러 그린다. 블라인드 밑에 커팅 매트를 놓고 공예용 칼을 이용하여 디자인대로 잘라 낸다. 블라인드를 창에 건다.

<table>
<tr><td>

1시간   초급

준비해야 할 것

- 단색 롤러 블라인드
- 트레이싱 페이퍼*
- 부드러운 연필
- 커팅 매트**
- 공예용 칼

</td></tr>
</table>

* 트레이싱 페이퍼(tracing paper) : 반투명으로 된 얇은 필기 용지
** 커팅 매트 : 칼자국이 바닥에 남지 않도록 하기 위해 사용하는 매트

미국 전원풍

American country

아메리칸 드림을 연상시키는 듯한 분위기를 연출하기 위해 빨간색과 흰색, 파란색을 섞어서 사용한다. 무늬는 단순한 것이 좋은데, 줄무늬나 체크무늬가 인기 있다. 퀼트 작품이나 패치워크 같은 전통 공예품 느낌이 나는 것도 좋다.

▼ 심플한 쿠션 앞면에 무늬가 있는 천 조각을 크게 붙여 새로운 분위기를 연출한다.

▲ 침대나 소파는 다양한 자투리 천을 이용하여 고유의 디자인을 가진 개인용 퀼트를 만든다.

▲ 폭이 넓은 단색 담요나 폴라플리스를 함께 박아 포근한 초대형 모포를 만든다.

▲ 소파에 팔걸이용 커버(덮개)를 만들어 주면 새로운 느낌이 날 뿐만 아니라 실용적이다. 예쁘게 단 처리한 직사각형 모양의 천을 느슨하게 걸쳐 나만의 디자인을 만든다.

▲ 각각 다른 색깔의 크고 작은 체크무늬, 각기 다른 방향으로 뻗어 있는 줄무늬를 조화시켜 아늑한 분위기를 연출한다.

▲ 서랍을 상쾌한 향기로 채운다. 천을 꿰매어 만든 주머니에 라벤더로 속을 채운다. 체크무늬나 줄무늬, 깅엄 등의 패브릭은 전원 분위기를 물씬 풍긴다.

파란색과 흰색의 조화
Blue and white

상큼하고 매력적인 파란색과 흰색의 조화는 절대로 실패하지 않는 고전적인 색상 배합이다. 대부분의 파란톤끼리는 서로 잘 어울리는데, 여기에 선명한 흰색을 더하면 더욱 다양한 스타일을 연출할 수 있다.

▲ 두 장의 데님으로 쿠션 커버를 만든 다음 나무 단추로 장식하여 마무리한다.

▼ 세탁물 가방에 끈을 달아 문 뒤편 장식 걸이에 걸어 보자.

▲ 파란색과 흰색으로 이루어진 체크무늬와 줄무늬 천으로 무늬와 색채감을 더해 단조로운 흰색 방을 멋지게 연출한다.

▲　파란톤으로만 이루어진 벽이 지나치게 두드러진다고 생각된다면 짜임새가 있거나 무늬가 들어간 벽지를 이용하여 색채감을 더하는 것도 좋은 방법이다. 전체적인 방 분위기로 볼 때 벽지도 천과 같은 역할을 한다.

▲　비슷한 계열의 파란색 천을 함께 사용하면 좋은 효과를 거둘 수 있다.

▲　줄무늬나 단색, 체크무늬, 여러 가지 무늬를 잘 배합하면 깊이와 생동감이 더해진다.

라벤더블루로 꾸민 손님용 침실

Lavender blue guestroom

산뜻한 흰색 리넨에 라벤더블루와 은색을 더해 멋진 손님용 침실을 꾸민다.

짜임새가 서로 다른 여러 겹의 침구류가 놓인 철제 침대가 이 방의 인상을 결정짓는 키포인트다. 거의 단색에 가까운 침구류(아름다운 철제 침대 장식을 더 눈에 띄게 하는)를 선택하여 쿠션과 퀼트, 모포 등으로 꾸민다. 새틴이나 면, 모헤어처럼 여러 가지 다른 질감의 천들이 섞이면 더욱 부드럽고 호화로운 분위기가 난다.

침대 머리맡 부분의 흰색으로 페인트칠된 목재 패널 윗벽은 차분한 라벤더블루 색상으로, 테두리 목재 패널 바로 윗부분은 예쁜 은색 장식으로 마무리한다. 창가에는 푸른 리본이 달린 블라인드를 달아 사생활도 보호하고 깔끔한 느낌까지 더했다. 천연 마룻바닥에는 식물성 섬유 러그를 깔아 좀 더 소박한 느낌을 주었다. 필요하다면 나무 상자와 침대 밑에 넣는 바구니를 이용해 수납 공간을 넓힐 수 있다.

마지막으로 침대 옆에 램프나 향초, 예쁜 화장품 등을 놓아 예쁘게 마무리한다.

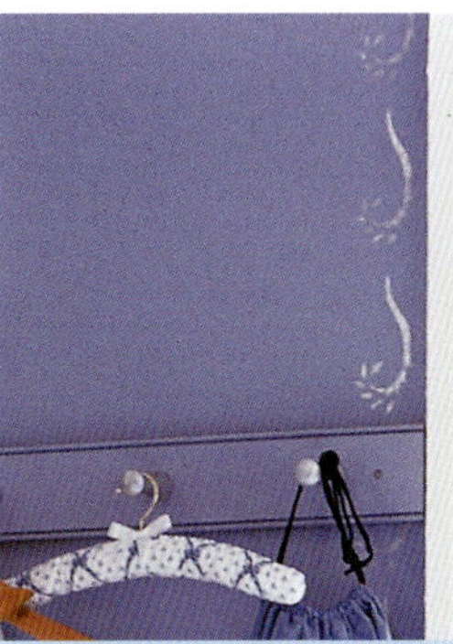

▲ 무늬가 없는 단색 벽에는 심플한 은색 띠 벽지로 예쁜 무늬를 만들어 붙인다.

▲ 쉐이커(Shaker) 교도풍*의 단순한 레일을 달아 옷을 걸 수 있는 공간을 넓히고, 타월 등은 바닥에 놓는 레일에 보관한다.

▲ 은색 페인트칠 한 번으로 낡은 테이블도 변신이 가능하다.

* 쉐이커(Shaker) 교도풍 : 17세기 후반 프랑스에서 조직되었다가 박해를 받아 영국으로 이주하여 퀘이커교와 제휴하여 발전. 그 후 미국으로 건너갔으며, 이들이 제작한 공예품과 가구는 미국 예술사에 큰 영향을 끼쳤다. 외면적 장식을 배제한 꾸밈없는 장식과 재질을 잘 살린 실용적이고 단순한 것이 특징

지중해풍 거실
Mediterranean living room

상쾌한 파란색과 눈부신 흰색, 그리고 자극적인 노란색으로 신선하고 생동감 넘치는 지중해풍의 분위기를 연출한다.

상쾌하고 생동감 넘치는 분위기로는 지중해를 따를 만한 것이 없다. 하늘색과 코발트블루를 흰색, 그리고 강렬한 대비를 이루는 노란색과 함께 사용해 보자. 지중해다운 분위기와 심플한 분위기를 내기 위해 편안한 노란색 소파에 무늬 있는 쿠션을 놓아도 좋다. 부드럽고 포근한 모포는 아늑한 분위기를 더해 준다. 밝은 파란색 벽은 소파와 환상적인 대비를 이루고, 반짝이는 노란색의 긴 무지 커튼과 소파에 놓인 대담한 무늬의 쿠션은 태양을 흠뻑 머금은 지중해 분위기를 더욱 강조해 준다.

　보일 커튼은 햇볕이 그대로 통과할 수 있도록 카페 스타일로 걸어 둔다. 흰색의 마룻바닥에는 푹신한 느낌을 주는 파란색 줄무늬 러그를 깔아 산뜻함을 강조한다. 라탄(rattern)이라고도 하는 등나무 가구나 흰색 목재 가구가 적당하다.

　마지막으로 파란색이나 흰색, 노란색 소품들을 배치한다. 색깔 있는 유리잔이나 모자이크 제품 등이 잘 어울릴 것이다.

이런 것도 괜찮아요

- 노란색 벽에 파란 소파
- 연한 노란색 카펫
- 파란색, 흰색, 노란색으로 이루어진 작은 꽃무늬 커튼

▲　컬러풀한 장식용 액세서리들이 이런 분위기에 잘 어울린다. 모자이크와 밝은 색 꽃으로 완벽하게 마무리한다.

▲　등나무 가구는 단순한 팔걸이의자 하나로도 고풍스럽고 소박한 느낌을 준다.

▲　밝은 색상의 쿠션을 골라 심플한 무지 소파에 생동감을 더한다. 다양한 톤의 파란색으로 환상적인 분위기를 연출한다.

▲ 캐주얼한 분위기를 내기 위해 여러 가지 무늬의 천을 섞어 사용한다. 그러나 지나치게 큰 무늬를 이용하면 방이 요란스러워 보이므로 피하는 것이 좋다.

▲ 깔끔한 중간 톤의 파란색은 모던한 분위기를 내 주지만 좀 더 고풍스러운 분위기에도 잘 어울린다.

▲ 전통적인 체크무늬와 깅엄무늬로 된 천은 전원풍의 분위기를 완성해 준다.

전원풍의 세련된 분위기

Country chic

파란색과 크림색의 자연스러운 조화가 상쾌하면서도 따뜻한 분위기를 내 준다.

전원풍의 포근한 분위기는 상쾌한 파란색과 따뜻한 크림색의 조합으로 완성된다. 중요한 것은, 색채보다는 무늬를 배합하여 사용하는 것이다. 각기 다른 크기의 줄무늬와 체크무늬를 여기저기 배치하되, 파란색과 흰색으로 한정지음으로써 상큼하면서도 모던한 느낌을 더한다. 또한 짜임새 있는 직물을 사용하여 방 분위기를 더욱 매혹적으로 연출할 수 있다. 고풍스러운 분위기의 3인용 크림색 소파와 파란색 체크무늬의 1인용 안락의자가 훌륭한 대조를 이룬다. 이런 분위기에는 앤틱 스타일의 고가구도 잘 어울린다. 카펫은 무늬 없이 단색으로 된 것이 좋다. 크림색이나 오트밀색이 좋으며, 약간 짜임새가 있는 조직으로 된 것을 고르면 된다. 꽃병이나 쿠션 같은 액세서리를 놓아 질감을 강조함으로써 지나치게 단조로워 보이는 것을 막을 수 있다. 파란색이나 크림색, 그리고 진한 초콜릿색이 들어 있는 소품을 고르면 된다. 벽의 넓은 면은 징두리 판벽*의 위쪽과 아래쪽에 페인트나 벽지를 사용하여(아니면 두 가지를 모두 사용하여) 분할 연출한다. 징두리 판벽은 이런 분위기에 아주 잘 어울린다. 판벽 윗부분에는 크림색이, 판벽에는 상쾌한 중간 톤의 파란색이 잘 어울린다.

이런 것도 괜찮아요

- 앤틱 스타일의 고가구
- 작고 단순한 무늬가 들어간 카펫
- 러그를 놓은 광택이 살아 있는 오래된 마루
- 단순한 크림색 벽

*징두리 판벽 : 벽의 아랫부분을 나무 패널로 커버하여 장식하는 것

자연 색상

New Naturals

중간 톤의 자연 색으로 이루어진 방은 차분한 느낌을 준다.

연출하기도 쉽고, 여러 가지 분위기로 변신이 가능하다.

크림색에서 짙은 회갈색이나 베이지색, 그리고 엷은

황갈색에서 좀 더 풍부한 느낌의 커피색까지 자연적인 톤으로

사용할 수 있는 색상은 매우 다양하다.

하얀색은 밝고 신선한 느낌을 주며, 크림색은 부드러움과

따뜻함을 더해 준다. 커피색과 초콜릿색은 부드러운 크림색과

어우러져 더욱 세련된 분위기를 연출한다. 좀 더 극적인 효과를

원한다면 진한 브라운이나 검은색을 이용한다. 중간 톤의

파란색도 자연적인 분위기를 강조해 준다. 중간 톤의 색상은

고풍스러운 분위기와 모던한 분위기를 동시에 내 준다.

옥양목이나 모슬린, 굵은 삼베 같은 천연 소재 직물을 선택하면

된다. 짜임새가 다른 소재로 자연스러운 분위기를 연출할 수 있다.

스타일리쉬 배너 *Stylish banners*

단순한 배너 하나로 창가를 스타일리쉬하게 연출한다. 모던하면서도 눈에 확 띄는 효과를 볼 수
있다.

1 창틀에 인접한 벽면에 창틀
보다 5cm쯤 위에 짧은 브래
킷을 양쪽에 고정한다. 긴 브
래킷을 창틀 윗부분에 맞춰
짧은 브래킷보다 5cm 정도
내려간 지점에 고정한다. 크롬
봉을 창틀 크기에 맞춰 쇠톱
으로 자른다.

2 옥양목 두 장을 커튼 봉 길
이의 1/3폭으로 하고, 옆면에
단 여유분 4cm를 주고 재단
한다. 길이는 낮게 위치한 커
튼 봉에서 바닥에 닿을 정도
로 충분해야 하고, 여기에 윗단과 아랫단 여유분을 각각 18cm
씩 준다.

3 배너의 좌우 옆면을 2cm 접어 넣고 박음질하여 다린다. 윗
단과 아랫단에는 1cm를 접어 넣어 단을 만든 뒤에 6cm를 각
각 접어 패널 윗부분에 봉이 들어가는 봉주머니를 만든다. 밑
단 길이는 10cm로 하여 단 처리한다.

4 무늬 천으로 두 개의 배너를 재단한다. 폭은 긴 봉의 1/4로
하고, 길이는 위에 걸린 봉에서 바닥까지 충분히 닿을 정도로
하며, 단 여유분은 옥양목과 똑같이 한다.

5 옆면 가장자리를 0.5cm 이내로 접어 넣은 다음 1.5cm 폭으
로 다시 접어 박음질하여 깔끔하게 단 처리한다. 윗부분은
1cm 이내로 접어 넣은 뒤에 6cm로 다시 접어 박음질하여 봉
주머니를 만든다. 밑단은 10cm로 하여 박는다. 만들어진 단을
다림질한다.

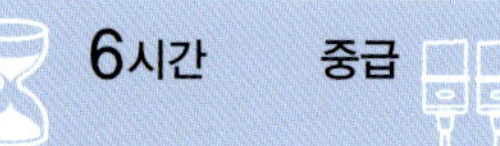

6시간   중급

준비해야 할 것

- 짧은 커튼 브래킷 한 쌍
- 긴 커튼 브래킷 한 쌍
- 무늬 천
- 옥양목
- 두께 2.5cm 크롬 커튼 봉 2개
- 드릴
- 나사못
- 드라이버
- 쇠톱
- 줄자
- 가위
- 재봉틀 또는 바늘과 면사
- 다리미

6 옥양목 배너를 짧고 낮은 봉에 걸고, 무늬 천 배너는 긴 봉
에 건다. 크롬 봉을 브래킷에 잘 고정한다.

침실 벽걸이 장식 bedroom wall hanging

침구류와 어울리는 천을 길게 늘어뜨려서 침대 머리맡을 아름다운 배경으로 장식한다.
가격도 저렴하고 금세 만들 수 있으며, 눈에 확 띄는 효과를 낼 수 있다.

1 천을 폭은 침대의 3/4 정도로, 길이는 침대 머리맡 벽면의 천장에서 방바닥까지 닿는 만큼 재단한다. 가장자리를 접어 넣어 박아 사방을 모두 단 처리하고 다리미로 잘 다린다.

2 침대 머리맡 벽면에 커튼 봉을 단다. 침대 중심에 정확하게 맞춘다.

3 재단해 놓은 천에 커튼 집게를 끼운 다음 침대 뒤쪽으로 늘어뜨릴 수 있도록 커튼 봉에 단다.

4 좀 더 장식적인 요소를 원한다면 안감을 대거나 속을 누비는 것도 좋은 방법이다. 누빌 경우 벽면에 걸린 패브릭 크기만큼 누비솜이 필요하다. 울로 만든 술 장식을 위아래로 달거나 대비되는 색상으로 테두리를 만들어 붙이는 것도 좋다.

  **3**시간　**중급**

준비해야 할 것

- 패브릭
- 커튼 봉과 브래킷
- 커튼 집게
- 드릴
- 나사못
- 드라이버
- 줄자
- 가위
- 재봉틀 또는 바늘과 면사
- 다리미

소박한 테이블 커버 Rustic table cover

지저분하기만 한 커피 테이블 아래쪽을 소박한 패브릭 테이블 커버로 가린다. 주머니를 달면
리모컨이나 신문 같은 자잘한 물건들도 넣을 수 있다.

1 탁자의 높이와 가로, 세로 길이를 잰다. 천을 재단할 때 가장 신경 써야 할 부분은 커버가 완성됐을 때 맞닿는 모서리 부분의 무늬가 서로 맞아야 한다는 점이다. 테이블 네 면과 윗면을 덮을 패브릭 다섯 조각을 재단하는데, 단 여유분을 1.5cm 정도 남겨 둔다. 주머니로 쓰일 천 두 조각도 재단한다. 주머니 크기는 원하는 대로 할 수 있지만 잡지가 들어갈 정도여야 쓸모가 있다.

2 주머니의 세 면을 약간 접어 넣어 박아 단 처리한다. 위쪽에 올 마지막 한 면은 0.5cm를 먼저 접어 넣고, 1.5cm를 다시 접어 넣고 박은 뒤에 다림질한다.

3 천의 겉끼리 맞대어 놓고 탁자 윗면에 올 부분과 서로 맞은 편이 될 두 면을 박는다. 이때 테이블 모양이 직사각형이라면 짧은 쪽을 먼저 박는다. 양쪽에 주머니를 단다. 탁자 윗면에 올 부분을 가운데 놓고 남은 두 장의 천을 십자가 모양이 되도록 붙인 다음 네 면의 솔기를 모두 박는다. 솔기가 편편하게 되도록 잘 다린 다음 아랫단을 처리한다. 커버를 잘 다려서 테이블에 씌운다.

준비해야 할 것

- 천
- 줄자
- 가위
- 재봉틀 또는 바늘과 면사
- 다리미

굵은 삼베 커튼 Textural hessian curtain

굵은 삼베 커튼의 짜임새가 중간 톤의 자연적인 분위기에 멋을 더해 준다.

1 창문 크기에 맞게 천을 직사각형으로 재단한다. 단 여유분을 사방 2cm씩 준다. 그런 다음 가장자리를 두를 테두리 네 조각을 재단한다. 커튼이 직사각형이므로 두 개는 길게, 두 개는 짧게 준비한다. 테두리는 원래 크기보다 두 배 정도 크게 만들고, 단 여유분을 4cm 정도 남긴다. 길이를 계산할 때 테두리 부분을 감안해야 한다. 예를 들어 테두리가 10cm라면 전체 커튼의 크기는 가로·세로 각 20cm씩 늘어난다.

2 테두리용 천 한 장을 반으로 접어 커튼 끝자락에 놓아 위치를 잡는다. 단을 1cm 접고 시침핀으로 고정한 뒤에 겉끼리 맞대어 커튼 앞면에 테두리를 박는다. 귀퉁이 부분은 45도 정도 예쁘게 뒤로 접어 넣고 박는다. 나머지 테두리 천들도 모두 같은 방법으로 한 다음 귀퉁이에 45도 정도 접어 넣은 부분을 조심스럽게 손바느질한다.

3 커튼 테두리 위쪽에 똑같은 간격으로 아일릿을 만든다. 아일릿에 노끈을 끼운다.

4 후사 고리를 창 위쪽 벽 양면에 한 개씩 고정한 뒤 후사 고리에 노끈을 둘러 묶어 커튼을 제자리에 건다.

3시간　　**중급**

준비해야 할 것

- 굵은 삼베
- 아일릿 키트
- 긴 노끈
- 후사 고리* 2개
- 드릴
- 나사못
- 드라이버
- 줄자
- 가위
- 시침핀
- 재봉틀 또는 바늘과 면사

* 후사 고리 : 커튼 끈을 고정하는 고리

단추와 비즈 Buttons and beads

끈고리 커튼 Tab-top curtains

창문 크기에 맞춰 모슬린 두 장을 재단하여 커튼 가장자리를 모두 단 처리한다. 고리를 만들 천을 재단할 때는 원하는 고리 크기보다 가로 세로 모두 두 배가 되게 한다. 고리용으로 자른 천 조각을 반으로 접어 흐트러진 단을 접어 넣고 커튼에 단다. 고리를 잘 다림질한 다음 마지막으로 나무 단추를 고리 아랫부분마다 단다.

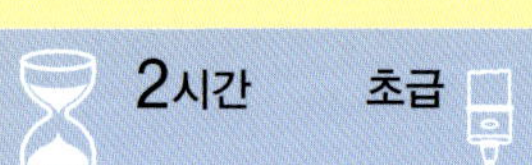 2시간	초급

준비해야 할 것
- 모슬린
- 나무 단추
- 줄자
- 가위
- 재봉틀 또는 바늘과 면사
- 다리미

비즈 타이백(장식 고리) beaded tie-back

커튼을 묶을 비즈 줄의 길이를 정하기 위해 먼저 커튼을 묶었을 때의 둘레를 잰다. 길이에 맞춰 가죽 끈이나 철사를 자른 뒤에 모양이 다양하고 대비되는 색상의 비즈를 끼운다. 가죽이나 철사 끝을 매듭지어서 비즈가 빠지지 않도록 고정한다. 완성된 비즈 줄로 커튼을 두른 다음 매듭을 짓거나 리본으로 묶는다. 창틀에 고리 나사를 박아 줄 양쪽 끝에 고리를 만들어 끼워 고정할 수도 있다.

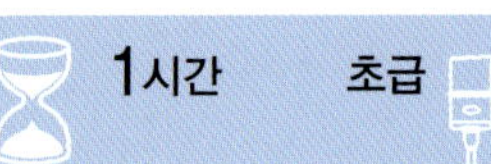 1시간	초급

준비해야 할 것
- 가죽 끈 또는 와이어
- 비즈
- 가위 또는 니퍼
- 줄자
- 고리 나사(선택 사항)

단추 장식 쿠션 커버 Button cushion cover

쿠션 커버를 벗긴 다음 쿠션 가운데 라인에 어떻게 단추를 달 것인지 디자인한다. 단추를 달 자리를 재단용 초크나 펜슬로 표시한다. 디자인한 대로 쿠션 커버 겉면에 나무 단추를 단다. 단추는 일자로 쭉 달 수도 있고 임의로 들쭉날쭉하게 달 수도 있다.

 **1**시간	초급 

준비해야 할 것
- 무지로 된 쿠션 커버와 쿠션 속
- 나무 단추
- 재단용 초크나 펜슬
- 면사와 바늘

단추 장식 커튼 button design curtain

커튼에 넣을 무늬를 디자인하기 위해 먼저 본으로 쓸 종이를 원 모양으로 자른다. 커튼을 편편하게 놓은 뒤 종이로 만든 원을 커튼 여기저기에 올려놓는다. 마음에 드는 모양이 되면 재단용 초크나 펜슬로 원 둘레를 따라 그린다. 바늘에 실을 두 겹으로 끼워 표시된 원 안에 단추를 단다. 다른 원들도 모두 같은 방법으로 채운다.

준비해야 할 것
- 단색 커튼
- 나무 단추, 자개 단추
- 종이
- 가위
- 재단용 초크나 펜슬
- 바늘과 면사

자연의 보물 Nature's treasures

나뭇잎 디자인 프린트 액자 Leaf design print

액자보다 약간 작은 크기로 천을 재단한다. 얇은 카드보드지를 액자 크기에 맞춰 자른 다음 그 위에 잘 다린 천을 펀펀하게 붙인다. 마운트도 액자 크기에 맞춰 잘라 자와 펜슬을 이용하여 보드 뒷면에 천이 보이도록 하는 사각형 창을 정확히 가운데에 표시한다. 커팅 매트에 마운트를 놓고 공예용 칼과 철제 자를 이용해 창을 도려낸다. 마운트를 천 위에 올려놓고 액자에 넣으면 멋진 액자 완성.

30분	초급

준 비 해 야 할 것

- 나뭇잎 모양이 들어간 천
- 얇은 카드보드지
- 마운트
- 액자
- 강력 접착제
- 커팅 매트
- 공예용 칼
- 철제 자
- 펜슬
- 가위
- 다리미

아플리케 사과 액자

사과를 3mm 두께로 잘라 두 장의 키친타월 사이에 샌드위치처럼 끼운 뒤 합판 사이에 다시 끼운다. 비금속 재질의 뚜껑을 덮어 전자레인지에 넣고 중간 열로 3분 정도 돌렸다가 꺼내어 식힌다. 20초 정도씩 사과를 계속 가열해서 식히는 작업을 반복한다. 때때로 종이를 바꿔 주어 수분이 잘 흡수되도록 하고, 사과가 타지 않도록 주의한다.
사과가 거의 다 마르면 키친 타월에 올려놓고 따뜻한 난방기나 햇볕이 잘 드는 창가에서 완전히 말린다.
모슬린 천을 사각형 모양으로 재단한 뒤 재봉틀과 색실을 이용하여 카드지에 꿰매 붙인다. 사과 조각을 위에 올려놓고 액자 가운데에 넣는다.

1시간 **+ 건조 시간**	초급

준 비 해 야 할 것

- 모슬린 천
- 사과
- 액자
- 액자에 맞는 두꺼운 한지
- 키친타월
- 합판 작은 것 2장
- 접착제
- 전자레인지
- 칼
- 가위
- 재봉틀, 색실

*마운트 : 액자 틀 안에 있는 그림이나 사진 작품 등의 외곽 테두리 종이

삼베 꽃병 커버 Hessian-covered vase

꽃병의 높이와 둘레를 재서 크기에 맞게 삼베를 재단한다. 아래쪽은 2.5cm, 위쪽은 4cm 정도 여유를 준다. 재단한 삼베의 위쪽 4cm 정도는 씨실을 풀어 준다. 강력 접착제를 이용하여 꽃병을 삼베로 둘러싼다. 이때 꽃병 밑으로 2.5cm를 접어 넣는다. 자연스런 색이 돋보이는 말린 꽃가지를 꽂으면 완성.

20분 초급

준비해야 할 것
- 심플한 모양의 꽃병
- 삼베
- 강력 접착제
- 줄자
- 가위

깃털 액자 Feather frames

먼저 클립 프레임의 크기를 잰 다음 공예용 칼과 커팅 매트를 사용하여 수제 종이를 크기에 맞게 자른다. 접착제를 이용하여 한지 가운데에 깃털을 붙여 잘 말린다. 다 마르면 한지를 클립 액자에 넣고 간격을 맞춰 프레임을 일렬로 벽에 건다.

20분 초급

준비해야 할 것
- 클립 액자 3개
- 큰 깃털 3개
- 한지
- 접착제
- 펜슬
- 커팅 매트
- 공예용 칼
- 자

자연의 매력
Natural appeal

자연색으로만 방을 꾸미다 보면 직물 짜임새
의 중요성을 느끼게 된다. 대비되는 색상을 사
용함으로써 얻을 수 있는 효과 대신 특이한 직
조 모양이나 끝단 처리, 미묘한 차이가 나는 짜
임새 있는 천을 사용하는 것이 더 눈에 띈다.

▲ 아플리케가 장식된 패브릭을 잘라 나무 액자에 넣어서 예쁜 벽걸이를
만들어 보자. 무지로 액자의 가장자리 부분을 둘러 깔끔하게 연출한다.

▼ 굵은 삼베처럼 조직이 거친 천은 그 틈으로 햇볕이 들어오게 하는 효과
를 연출할 수 있다.

▲ 무늬 없는 심플한 등갓에 조화를 붙여 새로운 느낌을 더한다. 꽃을 떼
어 강력 접착제로 전등갓에 고정한다.

▲ 보기 좋은 짜임새나 무늬를 가지고 있는 연한 색감의 벽지나 띠 벽지로 멋을 낸다. 조각보 모양으로 만들어 걸면 밋밋한 방에 생동감을 더해 준다.

▲ 짜임새가 눈에 띄는 천으로 바닥 깔개를 하면 자연적인 분위기에 잘 어울린다. 이런 천들은 질감을 더해 주는데, 중간색일 때 특히 효과적이다.

▲ 리넨만큼 식탁에 잘 어울리는 소재도 드물다. 냅킨을 접어 양쪽을 밑으로 접어 넣어 나이프와 포크가 들어갈 주머니를 만든다.

초콜릿색과 크림색의 조화

Chocolate and cream

갈색 계열의 부드러운 크림색과 캐러멜색, 진한 초콜릿색의 배합은 극적인 분위기를 이끌어 낸다. 연한 중간색의 방에 짙고 화려한 초콜릿색으로 포인트를 준다. 짙은 갈색은 고체 크림색이나 담황색, 담녹황색처럼 연하고 온화한 톤의 색으로 좀 더 부드럽게 만든다.

▼ 커튼을 충분히 두를 수 있을 만큼 로프를 길게 잘라 리넨 술 장식을 달아 멋내기용 타이백(장식 고리)을 만든다.

▲ 심플한 모포에 벨벳 테두리를 붙여 화려한 분위기를 낸다. 테두리를 모포 뒷면까지 모두 감싸면 양면 모포가 되어 다양한 분위기를 낼 수 있다.

▲ 소파와 팔걸이의자의 색과 톤만 달리한 색의 시트 커버를 씌워 단조로운 분위기에 포인트를 준다.

▲ 유리로 만든 문고리를 벽에 달아 커튼을 고정하여 세련된 커튼 후사 고리를 만든다.

▲ 다양한 색조의 천으로 독특한 쿠션 커버를 만든다. 단조로운 방의 분위기를 살리려면 천의 짜임새가 두드러진 천을 사용한다.

▲ 낡은 욕실 매트로 쿠션 커버를 만들어 복슬복슬한 느낌을 준다. 이 쿠션 커버를 만들 때는 내구성이 강한 면사를 사용한다.

커피색 톤 라운지

Rich coffee lounge

부드러운 크림색과 진한 초콜릿색의 배합이 자연목과 어우러져 호텔 라운지와는 전혀 다른 모던하면서도 안락한 분위기를 만들어 낸다.

이 방의 주요 포인트는 소파로, 모던한 문양의 큼직한 모포를 소파에 씌워 생동감을 주었다. 단조로운 중간색의 방에 단순한 무늬를 더하는 것만으로도 가능하다. 직조 패턴으로도 같은 효과를 낼 수 있다. 진한 커피색 벨벳 쿠션이 포근함과 화려함을 더해 준다.

　벽은 중간색의 분위기와 차분한 배경의 느낌을 더욱 강조하기 위해 부드러운 크림색으로 칠했다. 바닥은 목재 마루가 가장 좋다. 크림색 벽과 선명하게 대비되도록 중간 톤이나 아주 짙은 톤의 나무를 이용한다. 단순한 형태의 조각이 들어간 도자기가 분위기에 잘 어울린다. 라떼에서 에스프레소까지 모든 커피색을 조화시켜 보자. 색이 진한 나무 테두리는 대나무 커피 테이블의 짜임을 돋보이게 하고, 말린 풀과 꽃은 자연이라는 테마를 더욱 강조해 준다.

- 사이잘삼 같은 천연 소재 마루 깔개
- 짜임새가 도드라지는 오트밀색 카펫
- 버터밀크나 엷은 황갈색처럼 두 가지 다른 계열의 색상으로 이루어진 벽
- 옥양목이나 삼베로 만든 블라인드

▲ 심플하고 저렴한 소파에 벨벳 쿠션을 몇 개 놓아 고급스럽고 호화로운 느낌을 준다.

▲ 나무 액자 같은 소품은 자연적인 느낌을 더해 준다.

▲ 이 모포는 무지 시트를 진한 갈색으로 염색하여 직물용 페인트로 흰색 사각형 문양을 찍어 만들었다.

체크무늬와 발란스

여러 가지 무늬와 질감으로 이루어진 아늑한 분위기의 침실을 연출하기 위해 부드러운 베이지와 옅은 황갈색, 그리고 크림색을 배합한다.

다양한 체크무늬가 조화를 이루어 멋진 효과를 낸다. 카페오레와 크림색을 반복적으로 사용함으로써 체크무늬 침구류가 그보다 작은 체크무늬 발란스 끈고리형 커튼(사진에서는 보이지 않음)과 잘 어울린다. 침대 옆 러그의 미세한 패턴과 여유분으로 둔 담요의 큼지막한 장식적 문양에도 이러한 연출은 그대로 반영된다.

부드러운 면 침구류와 성기게 짠 모포, 소박하고 거친 느낌의 사이잘삼 카펫과 그 위에 놓인 부드러운 러그처럼 대조적인 질감을 강조함으로써 이런 분위기를 연출할 수 있다.

가구와 소품은 심플한 것으로 선택한다. 등나무 바구니나 침대 발치에 놓인 담요 바구니는 수납공간으로 활용할 수 있을 뿐만 아니라 재료가 짜임새 있어 부가적인 연출 효과도 있다. 담요나 쿠션을 바구니에만 넣어 두지 않고 장식용으로 바구니 위에 얹는 것도 좋은 방법이다. 사진에서처럼 심플한 캔버스천의 비키니 옷장은 방 분위기에 잘 어울린다. 크림색, 옅은 황갈색에서부터 고동색, 진한 초콜릿색에 이르기까지 다양한 색을 이용하여 보기 좋고 심플하게 마무리한다.

이런 것도 괜찮아요

- 크림색이나 오트밀색의 짜임새가 도드라진 카펫
- 심플한 줄무늬 침구류와 쿠션
- 등나무 가구

▲ 초콜릿색 전등갓이 전체적인 분위기와 묘한 대조를 이룬다.

▲ 사각형 무늬의 패치워크 담요는 대담한 무늬를 강조하는 동시에 아늑하고 소박한 분위기를 내 준다.

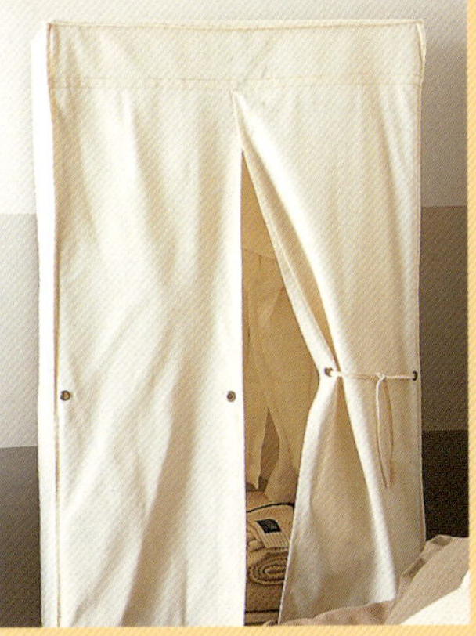

▲ 목재 가구나 등나무 가구 대신 캔버스천 비키니 옷장을 이용해 보자. 저렴한 가격으로 구입할 수 있다.

신선한
꽃무늬
Fresh Florals

예쁜 꽃무늬는 **고전적**이면서도 **몽환적**인 느낌을 준다.

꽃무늬가 구식이라고 생각하는 사람도 있는데, 꼭 그렇지만은 않다.

전통적인 사라사 무명천에서부터 눈에 확 띄는 **모던한**

디자인까지 꽃무늬를 기본으로 만든 패턴들은 매우 다양하다.

꽃무늬를 고전적인 색상으로만 써야 하는 것은 아니다. 새롭고

자극적인 분위기를 연출하기 위해 **대담**한

색상을 사용해 보자.

꽃무늬 천은 부드럽고 **로맨틱**한 분위기에서

상쾌한 여름 분위기까지 다양한 분위기로

연출이 가능하다. 꽃무늬만을 이용하면

지나치게 강렬한 느낌을 줄 수 있으므로 꽃무늬와

어울리는 체크무늬나 줄무늬, 무지를 함께 써 보자.

예쁜 주머니 커튼 Pretty pocket curtain

아이 방에 예쁜 자투리 천으로 조그만 장난감을 넣을 수 있는 유용한 수납형 주머니를 만들어
커튼을 장식해 보자.

6시간 **중급**

준비해야 할 것

- 꽃무늬 자투리 천
- 단색 커튼
- 시침핀
- 가위
- 재봉틀, 면사
- 다리미

1 천 주머니를 만들기 위해 꽃무늬 자투리 천을 이용하여 사각형 모양으로 재단한다. 커튼에 달 주머니도 필요한 만큼 재단한다. 크기를 다양하게 하면 시각적으로 좋은 효과를 낼 수 있다.

2 주머니 천의 네 귀퉁이에 1cm의 가윗집을 넣는다. 주머니 천의 양쪽 길이 부분과 아랫부분은 1cm로 단을 접어 다린다. 남아 있는 윗부분도 1cm를 접어 다리고, 다시 한번 똑같이 접어서 주머니 윗부분 모양을 내기 위해 다린다. 주머니 윗부분을 재봉틀로 박아 단 처리를 한다.

3 커튼을 바른 면이 위로 오도록 편편한 면에 놓는다. 주머니를 겉면이 위로 오도록 하여 커튼 위에 원하는 위치에 임의대로 놓는다. 위치가 정해지면 주머니들을 시침핀으로 고정하여 재봉틀로 둘러 박는다. 이때 방향은 한쪽 긴 면에서 아랫면으로, 그 다음에는 다른 쪽 긴 면으로 박아 바늘땀이 끊기지 않도록 한다.

장미무늬 침구류 *Rose bedlinen*

대담한 장미무늬 천을 무지 침구류에 붙여 포근한 전원풍 분위기를 연출한다.

1 꽃무늬 천을 원하는 크기의 정사각형 모양으로 재단한다. 재단한 정사각형의 가장자리를 1cm씩 안쪽으로 접어 넣는다.

2 재단한 정사각형 천을 바른 면이 위로 오도록 하여 이불잇의 정가운데에 놓고 시침핀으로 고정한다. 정사각형 천 가장자리에 양면 접착 심지를 붙이고 뒷면을 떼어 이불잇에 고정되도록 다림질한다.

3 그런 다음 베개의 크기를 재서 그보다 사방 10cm 작은 직사각형 모양을 재단한다. 단을 접어 넣은 뒤 베개에 붙이는데, 위와 동일하게 양면 접착 심지를 이용한다.

준비해야 할 것

- 장미무늬 천
- 무지 이불잇과 베갯잇
- 양면 접착 심지
- 시침핀
- 가위
- 줄자
- 다리미

보일 천으로 만든 침대 캐노피 *Voile bed canopy*

고전적인 분위기의 침실을 만들기 위해 여름용 캐노피를 늘어뜨려 우아함을 더하고, 침대에
특징을 주었다.

2시간 **중급**

준비해야 할 것

- 4.5m 정도의 보일 천
- 4m 길이의 끈
- 고리 나사 4개
- 12mm 두께의 봉 3개
- 알코올 수준기
- 톱
- 가위
- 줄자
- 재봉틀과 면사
- 다리미

1 봉을 걸어 놓을 두 쌍의 고리 나사를 돌려 천장에 고정한다. 먼저 한 쌍의 나사를 침대 머리 부분 위에 박는데, 고리 나사 사이의 공간은 천의 폭에 2cm를 더한다. 나머지 한 쌍의 고리 나사는 침대 끝의 천장 부분에 다는데, 고리 나사의 위치는 먼저 박은 나사와 평행이 되게 한다. 고리 나사의 고리 부분과 나무 봉을 끈으로 길게 묶어 평행이 되도록 단다. 알코올 수준기를 이용하여 평행이 되었는지를 확인한다.

2 준비한 천을 '바닥에서 봉까지의 높이 × 약 1.5배 + 침대 길이'로 재단한다. 천의 한쪽 끝단을 겹단으로 다린 다음 박는다. 나머지 한쪽 끝은 1cm 단을 접어 넣고 다시 3cm를 접어 넣어 박아 봉 주머니를 만든다. 세 번째 봉을 여기에 끼워 캐노피가 들리지 않도록 무게감을 준다.

3 세 번째 봉이 들어간 부분은 침대 머리 부분 뒤에 놓고 천장에 걸린 2개의 나무 봉에 나머지 부분을 건다. 침대 발치에 걸린 부분은 느슨하게 묶거나 그냥 자연스럽게 내려뜨린다.

우아한 주름이 돋보이는 침대 드레이프 Tie-top bed drapes

4개의 침대 기둥이 있는 침대에 커튼을 달아 보자.

1 메인 커튼의 크기를 정하기 위해 침대 폭과 높이를 잰다. 메인 커튼에는 적어도 두 폭의 천이 한쪽에 들어간다. 사이드 커튼은 장식용이므로 각각의 사이드에는 한 폭씩만 해도 상관없다.

2 3개의 커튼 앞뒷면을 솔기 여유분을 주고 재단한다. 커튼 앞뒷면의 크기가 서로 맞아야 한다.

3 커튼을 달 고리 끈을 만들기 위해 커튼 천과 대비되는 색의 천을 5cm×55cm 정도로 재단한다. 고리 끈 천을 반 접어 다리고 다시 펼쳐 양 끝단을 1cm 접어 넣는다. 폭이 좁은 끈을 만들기 위해 1.5cm 폭으로 다시 접어 다린다. 접힌 단을 따라 박는다. 고리의 한쪽 끝을 속으로 넣어 감치고 나머지 한쪽도 함께 마무리한다.

4 각각의 뒷면 커튼의 겉면이 위로 보이도록 놓고 앞에서 만든 고리 끈을 반으로 접어 접힌 부분을 커튼 윗부분에 시침핀으로 고정한다. 고리 끈 사이의 간격은 15cm가 적당하다.

5 앞면 커튼을 뒷면 커튼 위에 겉끼리 맞대어 놓는다. 창구멍을 남겨놓고 사면을 둘러 박는다. 창구멍으로 커튼을 뒤집고 창구멍은 감침질하고 커튼을 잘 다려 완성한다.

6시간 중급

준비해야 할 것

- 앞면용 커튼 천
- 뒷면용 커튼 천
- 끈고리용 천
- 시침핀
- 줄자
- 가위
- 재봉틀 또는 바늘과 면사
- 다리미

꽃무늬 커튼 발란스 *Floral pelmet*

커튼 발란스용으로 고안된 양면 접착 테이프는 창문에 고전적인 분위기를 주는 데 이용하면
좋다.

1 창틀 폭보다 10cm 길게 나무를 자른다. 널빤지 끝에서 5cm 안쪽에 까치발을 각각 하나씩 나사로 고정한다. 까치발은 나중에 창틀 옆면에 고정할 것이다. 널빤지의 브래킷을 창틀 옆면에 부착하여 선반처럼 나사로 고정한다.

2 발란스의 앞면과 옆면을 만들기 위해 양면 테이프를 이용한다. 테이프의 한 면을 천 뒷면에 주름이 지지 않도록 붙이고, 테이프의 뒷면 종이를 뜯어내어 끈끈한 부분에 단을 접어 넣는다. 테이프의 뒷면을 덮을 천을 재단하여 붙인다.

3 벨크로 테이프의 갈고리 부분을 널빤지의 앞면과 옆면을 따라 붙인다. 벨크로의 보풀 부분을 떼어 낸 다음 보풀 부분을 발란스의 뒷면 윗부분에 붙인다. 널빤지에 발란스를 붙인다.

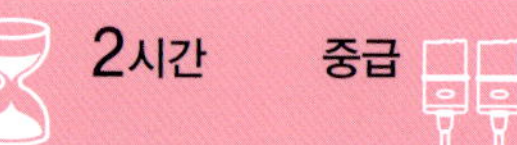

준비해야 할 것

- 꽃무늬 천
- 양면 접착 테이프
- 벨크로
- 폭 15cm짜리 널빤지
- 선반 받침 까치발
- 스크류 드라이버
- 나사못
- 톱
- 드릴
- 줄자
- 가위

장식용 가리개 Decorative screen

가리개는 지저분한 공간을 가리거나 탈의실로 활용하면 매우 유용하다.

1 가리개의 경첩을 모두 빼서 세 개의 판으로 나눈다. 준비한 천을 분해한 판의 한쪽 면 크기보다 넉넉하게 재단한다. 바닥에 재단한 천의 바른 면이 바닥으로 가도록 하고 가리개 판을 천 위에 올려놓고 천의 무늬가 제 위치에 오도록 가리개 판의 위치를 조정한다. 가리개 판 크기에 사방 7.5cm 여유를 두고 재단한다.

2 구김이 가지 않도록 가리개 판 위의 천을 잡아당겨 가며 건타카로 고정한다. 가장자리뿐만 아니라 곡면 부분도 가능하면 깔끔하게 마감한다.

3 다른 천 조각을 가리개 판 위에 놓은 다음 이번에는 사방 1cm의 여유분을 주고 재단한다. 단 처리하지 않은 부분은 접어 넣은 다음 천을 가리개 판에 건타카로 고정한다. 이 부분이 뒷면이 된다.

4 나머지 두 개의 가리개 판에도 위와 같이 천을 붙인 다음 떼어놓았던 경첩으로 다시 세 폭을 연결한다. 가리개의 앞면에 고리나 손잡이를 달아 마무리 장식을 하여 옷이나 가방을 걸면 완성.

6시간 **중급**

준비해야 할 것

- 천
- 3폭 MDF 가리개
- 장식 고리 또는 손잡이
- 건타카
- 스크류 드라이버
- 가위

쿠션·깔개류 리폼하기 Seat treatments

꽃무늬 쿠션 Flowery cushions

1 사용하지 않는 베개에 쿠션 커버를 입혀 긴 소파에 어울리는 멋진 긴 쿠션을 만든다. 먼저 베개의 크기를 잰 다음 준비한 꽃무늬 천으로 앞뒤 판을 같은 크기로 만든다. 이때 세로는 10cm 여분을 더 주고, 가로는 4cm 정도 더 여분을 준다.

🕓	**45분**	초급

준비해야 할 것

- 베개
- 꽃무늬 천
- 똑딱 단추 3~4개
- 줄자
- 가위
- 재봉틀 또는 바늘과 면사
- 다리미

2 앞에서 재단한 천 두 쪽의 겉면을 서로 마주보도록 놓는다. 세로 한 쪽, 가로 두 쪽을 2cm씩 여유를 두고 박음질한다. 나머지 부분은 2cm를 뒤집어 접은 다음 알맞게 박음질하여 똑딱 단추를 서너 개 정도 단다. 커버를 뒤집어 베개를 넣으면 완성.

향주머니가 달린 쿠션 Scented pocket cushion

1 펠트 천을 준비한 쿠션의 크기에 맞게 두 조각으로 재단한다. 두 조각의 천을 사면이 딱 맞도록 놓은 뒤 한쪽 시접에는 지퍼를 단다. 시접은 펠트 천과 대비되는 색의 면사로 장식 스티치(블랭킷 스티치)한다. 주머니를 만들기 위해 펠트 천으로 작고 네모난 모양을 재단하여 앞에서 완성한 쿠션 커버의 한 면에 입구 부분을 제외한 삼면을 바느질한다.

⏳	**2시간**	중급

준비해야 할 것

- 펠트 천
- 꽃무늬 천
- 라벤더
- 지퍼
- 시침핀
- 가위
- 재봉틀과 면사

2 입구를 제외한 삼면을 다시 펠트 천과 대비되는 색의 면사를 사용하여 장식 스티치한다.

3 주머니에 들어갈 만한 조그만 꽃무늬 쌈지를 만든다. 이때 길이는 주머니보다 약간 길게 하여 주머니 위로 눈에 띄게 한다. 쌈지의 삼면을 바느질한 뒤 라벤더를 채워 넣는다. 열린 부분을 잠그기 위해 손으로 꿰매어 쿠션 주머니에 넣는다.

가장자리 자수 장식 Embroidered borders

1 쿠션의 크기를 재서 사면을 돌릴 수 있는 길이로 자수 장식 레이스를 자른다. 시침핀으로 레이스를 자리에 맞게 고정한 다음 박는다.

 **2시간** 초급

준비해야 할 것
- 쿠션과 커버
- 쿠션과 어울리는 모포
- 벨벳이나 실크 리본
- 자수 장식 레이스
- 시침핀
- 줄자
- 가위
- 바늘과 면사

2 모포의 크기를 재서 사면을 돌릴 수 있는 길이로 리본을 넓게 자른다. 리본을 반으로 접은 다음 모포의 사면에 리본을 두르기 위해 리본의 반은 앞면으로, 반은 뒷면으로 가도록 시침핀으로 고정한다. 튼튼하게 박음질한다.

3 모포 앞면의 리본 가장자리에 자수 장식 레이스를 시침핀으로 고정하고 사면에 둘러 박는다.

꽃무늬 의자 커버 Floral chair cover

1 시트 부분의 크기를 재서 여유분을 각각 20cm씩 주어 의자를 넉넉하게 덮을 수 있을 만큼 천을 재단한다.

 **45분** 초급

준비해야 할 것
- 꽃무늬 천
- 연필이나 초크
- 줄자
- 가위
- 재봉틀 또는 면사와 실
- 다리미

2 천의 뒷면이 보이도록 하여 의자 시트를 덮은 뒤 의자의 모서리 부분을 표시한다. 천의 각 모서리에서 가까운 의자 모서리 표시 부분까지 사선으로 재단한다. 천의 모든 가장자리와 사선 부분을 모두 단 처리한다. 시트 위에 커버를 놓는다.

로맨틱 터치

Romantic touches

활짝 핀 작약과 장미, 귀여운 장미 꽃봉오리가 가득한 잔가지, 흐드러지게 핀 들꽃이 조화를 이루어 부드럽고 로맨틱한 분위기를 내 준다. 생화를 꽂아 두는 것도 잊지 말 것.

▼ 큰 꽃무늬 천과 자잘한 꽃무늬를 겹겹이 코디하면 튀지 않으면서도 한결같은 분위기를 낼 수 있다. 이렇게 함으로써 침대를 로맨틱한 전원 분위기로 만들 수 있다.

▲ 유리병과 장식 리본, 꽃으로 간단하고 예쁜 장식을 만든다. 유리병의 목 부분에 리본을 둘러 장식하고, 유리병에 싱싱한 꽃을 꽂는 것만으로도 분위기를 낼 수 있다.

▲ 핑크색과 꽃무늬가 들어간 크림색을 섞어 로맨틱한 분위기를 연출한다.

▲ 소파와 팔걸이의자에 단색 천으로 된 깔끔한 팔걸이 슬립 커버를 만들어 보자. 소파가 단색이라면 꽃무늬 천을 사용하면 된다. 한쪽 면에 신문이나 소품들을 넣을 수 있는 주머니를 달아 사면을 단 처리한다.

▲ 방 분위기에 어울리도록 커튼이나 쿠션을 만들고, 남은 자투리 천으로 간단한 시트커버를 만든다.

▲ 강렬한 색의 천으로 선명하게 테두리를 덧붙인 꽃무늬 쿠션

파란색 포인트
A hint of blue

파란 색조의 천을 골라 전통적인 꽃무늬에 악센트를 준
다. 꽃무늬 천은 붉은 장미꽃무늬를 사용한 사라사 무명
천으로 된 것이 대부분이지만 파란 꽃무늬 패턴을 사용하
면 재미있는 분위기를 연출할 수 있다. 특히 체크무늬나
줄무늬와 조화를 이룰 때 더욱 그렇다.

▼　방을 장식하는 데 사용했던 자투리 천이나 벽지로 소품 보관함을 만든다.

▲　전통적인 꽃무늬 커튼에 모던한 느낌이 나는 데님으로 만든 블라인드를
달아 분위기를 바꿔 보자. 독특한 블라인드용 천을 고르거나 두꺼운 천에 심
을 넣어 블라인드를 만들고 간단한 롤러 블라인드 키트를 세트로 사용한다.

▲　신발이 낡거나 지저분해지지 않게 하려면 예쁜 소재로 간단한 신 주머
니를 만들어 깔끔하게 보관하면 된다. 신 주머니에 어울리는 리본으로 입구
를 마무리하면 좋다.

▲ 여러 가지 종류의 무늬와 다양한 꽃무늬 쿠션으로 낡은 의자에 생기를 불어넣는다.

▲ 꽃무늬 커튼에 가죽고리를 이용하여 마무리를 독특하게 한다. 일단 커튼 단을 마무리한 다음 기둥에 연결할 부분에 가죽고리를 고정한다.

▲ 다양한 색의 꽃무늬 프린트로 펑키한 분위기를 낸다. 양면 홑이불과 베갯잇은 꽃무늬와 줄무늬로 조화를 줄 수 있다.

섬세하고 우아한 터치

Dainty and delicate

꽃무늬는 은은하고 잔잔한 잔가지 모양을 비롯하여 꽃잎이 여러 개 겹친 모양, 화려한 꽃다발 모양 등 매우 다양하다. 복잡하게 얽힌 꽃무늬들은 작은 방에 더 잘 어울리는데, 그 이유는 덜 질리기 때문이다. 미세한 효과를 내기 위해서는 예쁜 무늬들을 돋보이게 하는 액세서리를 선택하면 좋다.

▼ 목재 옷걸이에 방과 어울리는 자투리 천으로 커버를 만들어 솜을 채워 예쁜 옷걸이를 만든다.

▲ 오래된 테이블에 자투리 천으로 간단한 커버를 만들어 산뜻한 분위기를 연출한다.

▲ 커튼이나 쿠션을 만들고 남은 자투리 천으로 나만의 방향 베개를 만들어 보자. 포푸리로 채운 뒤 천에 어울리는 벨벳이나 새틴 리본으로 묶어 모양을 낸다.

▲ 천을 골라서 맞춰 보고, 연출하려는 분위기에 따라 핑크색 페인트의 톤을 연한 것으로 할지 진한 것으로 할지 선택한다.

▲ 순백색 홑이불과 베갯잇에 장미꽃 봉오리나 꽃 모양의 아플리케를 만들어 화사한 느낌을 더한다.

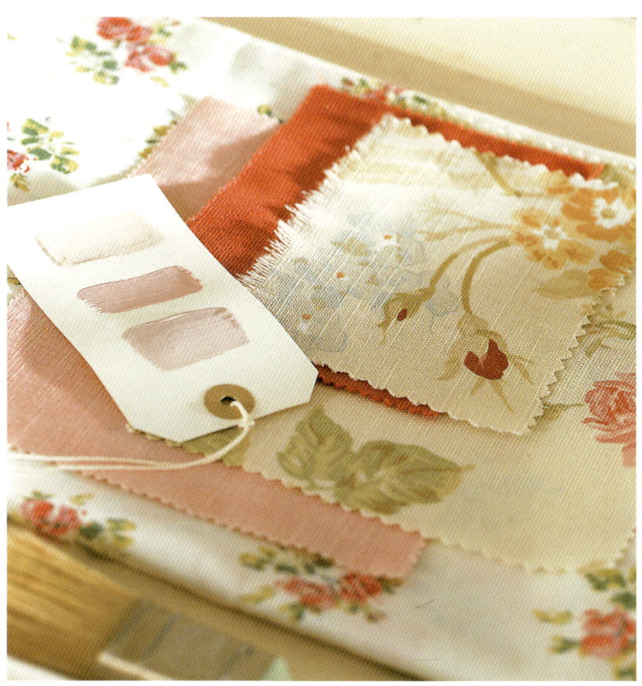

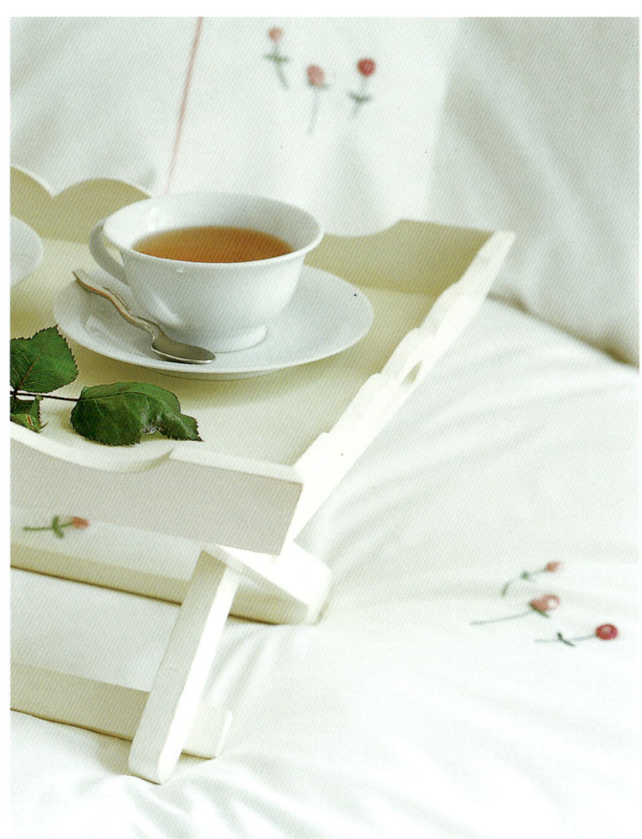

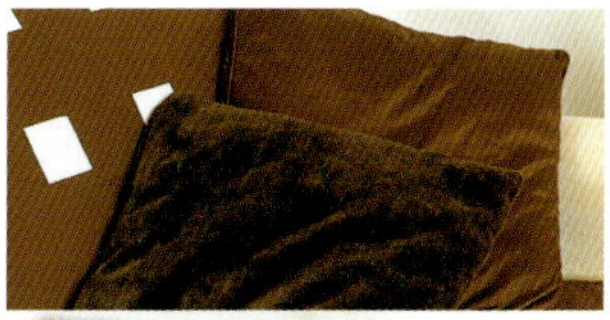

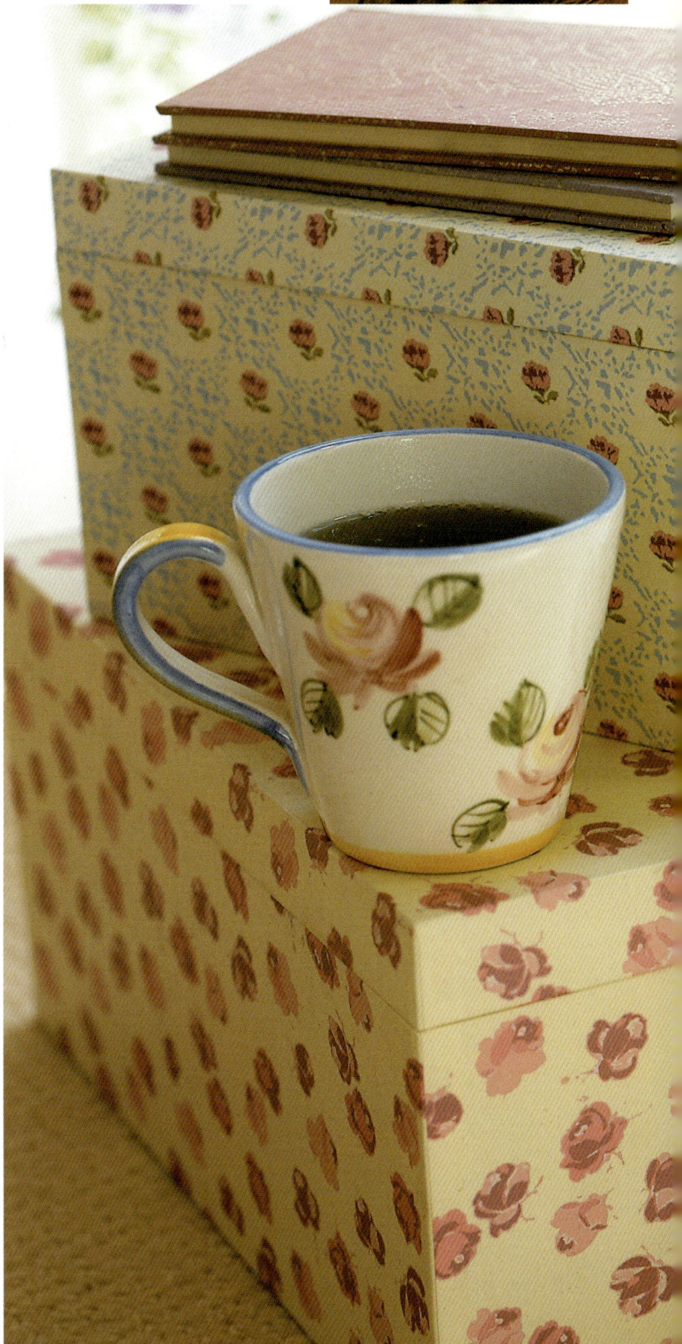

▲ 커튼에 어울리는 벽지나 꽃무늬 포장지로 보관함을 포장하여 방에 통일감을 준다.

포근한 라일락색 침실

Soft lilac bedroom

온화하고 낮은 색조의 색상과 섬세한 꽃무늬 천으로 로맨틱한 침실을 만든다.

이런 우아한 분위기의 레이어드 룩을 연출하려면 심플한 디자인에 연한 라일락(옅은 자색)색이나 핑크색을 침구류에 차용하면 된다. 분위기와 완벽한 조화를 이루는 우아한 레이스 장식 덕분에 포근해 보이기까지 한다. 고풍스러운 꽃무늬 퀼트는 분위기를 더욱 뚜렷하게 해 주고, 퀼트(누비이불)는 침대에 짜임새를 가져다 준다. 핑크와 라일락이 배합된 퀼트를 선택하면 좋다. 짙고 어두운 핑크 터치는 미묘하면서도 분위기를 강조하는 데 안성맞춤이다. 헤드보드 근처에 짜임새가 다른 장식 쿠션을 여러 개 놓아 보자. 이때도 어두운 핑크와 라일락, 흐린 핑크 등 다양한 색깔의 쿠션을 선택한다. 연한 하늘색을 더해도 좋다.

벽은 지나치게 밝은색보다는 다른 색과 비슷하게 옅은 색조의 따뜻한 라일락색으로 칠한다. 연한색의 마루청과 나무색, 그리고 흰색 가구가 이런 분위기에 잘 어울린다.

품격을 강조하려면 색이 짙은 모피나 인조 모피 러그를 바닥에 깐 다음 예쁜 꽃과 그림으로 마무리하면 된다.

▲ 침대에 놓은 쿠션 더미는 저렴한 가격으로 고급스러운 느낌과 아늑한 느낌을 동시에 연출할 수 있다. 미묘한 색조의 차이를 살리고, 무지 천과 무늬 있는 천을 섞어 사용해 보자.

▲ 싱싱한 꽃은 로맨틱한 분위기와 부드러운 분위기를 동시에 내 준다. 실크와 말린 꽃을 함께 장식할 때는 주의해야 한다.

▲ 벨벳 커튼은 화려하고 로맨틱한 느낌을 준다. 고급스러운 효과를 내고 싶을 때는 짙고 어두운 핑크색 벨벳 커튼을 선택하는 것이 좋다.

모던한 꽃무늬

Modern floral

눈에 확 띄는 핑크와 전통적인 꽃무늬를 섞어 아늑한 전원풍에 새로운 분위기를 더한다.

이 방은 전통적인 분위기에 모던한 색상을 더했다. 전원풍의 사라사 무명천이 눈에 띄는 핑크와 대비되어 뚜렷한 효과를 가져온다. 진분홍색 보일 커튼으로 대비 효과를 내고, 진한 핑크 벨벳 천으로 마감한 소파와 꽃무늬 사라사 무명천으로 마감한 팔걸이의자가 대비를 이룬다. 부드러운 크림색 카펫은 앤틱 크림색 벽을 반영했다.

　벽은 판넬을 사개물림 방식으로 징두리 판벽 가로대까지 붙여서 아늑한 시골 별장 느낌이 들게 했다. 소박한 느낌을 강조하기 위해 마무리는 저렴하게 했다. 부드러운 앤틱 크림색 페인트로 징두리 판벽의 윗부분을 칠하면 된다. 벽지의 대안으로, 가지는 연녹색 페인트로, 꽃은 핑크색 페인트를 이용한 두 종류의 꽃봉오리 장식 스탬프로 장식했다.

　체리목 가구는 따뜻한 색조와 전통적인 느낌을 더해 준다. 여기에 수납용 등바구니 같은 전원풍의 소품들을 추가했다. 체리목 테두리 사진 액자로 체리목 가구와 분위기를 통일했고, 여러 개의 쿠션으로 포근함까지 더했다. 어두운 분홍과 녹색 계열의 소품으로 디자인을 마무리했다.

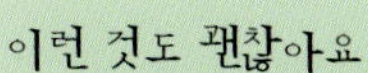

이런 것도 괜찮아요

- 징두리 판벽 없는 순색 벽
- 연한 녹색 카펫
- 사라사 무명 쿠션이 놓인 단색 소파

▲　전통적인 사라사 무명으로 마감한 팔걸이의자는 아늑하고 고풍스런 느낌을 준다. 여기에 쓰인 색상들은 주요한 색상 배합에 완벽하게 어울린다.

▲　벨벳 문직으로 마감한 소파는 방에 짜임새와 색감을 더해 준다.

▲　자투리 천으로 예쁜 액자용 소품을 만들었다. 자투리 천을 액자에 들어갈 만큼 작은 네모 모양으로 재단하여 액자에 넣어 방의 특색을 살렸다.

아름다운
파스텔 톤
Pretty Pastels

파스텔 계열은 **상쾌**하고 **차분**한 디자인을 연출할 뿐만 아니라

눈으로 보기에도 편안하다. 이런 스타일과 어울리는 부드러운

커튼이나 **깔개류**에 사용할 수 있는 파스텔 색상은 매우 다양하다.

우아한 모양의 **프린트, 줄무늬**, 순색과 어울리는 **깅엄 무늬**,

짜임새가 좋은 천 등 다양한 선택이 가능하며, 여러 가지 다른

무늬나 색상으로도 혼합할 수 있다. 파스텔 색조는 겹쳐 사용해도

좋으며, 차분한 분위기를 만드는 데도 좋다.

파란색, 분홍색, 아쿠아, 라일락을 함께 써도

좋다. 우아한 **노란색**과 부드러운 **애플그린**은

상쾌할 뿐만 아니라 여름 분위기를 느끼게 해 준다.

파스텔 색조는 **안정감**을 주고 과도한 느낌이 없기

때문에 생활하는 데 **편안**하며, 작업 과정도 즐겁다.

침구류 아플리케 *Appliqúe bedlinen*

순색 시트와 베개 커버에 예쁜 수실로 밝은 동그라미를 아플리케하여 새로운 느낌이 나게 한다.

1 펜슬과 동그란 모형을 이용하여 접착 심지 위에 원을 그린다. 원을 잘라서 재단한 접착 심지를 색깔 있는 천에 놓고 다리미로 접착한다. 색깔 있는 천을 원에 맞춰 재단하고, 다른 여러 가지 색깔의 천도 같은 방법으로 재단한다.

2 편편한 면에 침구류를 놓고 원을 놓고 싶은 곳에 놓아 작업한다. 무늬의 느낌을 살리거나 여기저기 자유롭게 흩어지게 할 수도 있다. 원 뒷면에 붙인 양면 접착 심지를 떼어 낸 다음 원하는 위치에 놓고 다림질하여 접착한다.

3 다양한 색상의 자수 실을 이용하여 원 둘레를 블랭킷 스티치로 마감한다.

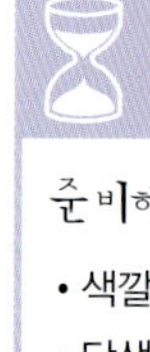

2시간   **중급**

준비해야 할 것

• 색깔 있는 천
• 단색 침구류
• 원을 그릴 동그란 모형
• 양면 접착 심지
• 펜슬
• 가위
• 바늘
• 자수 실
• 다리미

침구류 홀치기 염색하기 *Tie-dye bedlinen*

순백색 시트와 베갯잇을 눈에 띄게 바꾸는 쉬운 방법은 집에서 홀치기 염색을 하는 것이다.
손으로 할 수도 있고 세탁기로 할 수도 있다.

1 시트를 축축하게 적셔서 마루에 편편하게 편다. 천의 중심점을 잡아서 자락이 늘어지게 한 다음 중심에서부터 접는다. 접은 시트를 끈으로 꽁꽁 묶는다. 중심점에서 7.5cm 정도 떨어진 곳을 묶은 다음 같은 간격으로 꽁꽁 묶는다. 베갯잇도 같은 방법으로 묶는다.

2 고무장갑을 끼고 정량의 염색약을 넣어 용해시킨 다음 계량컵으로 측정하여 대야나 양동이에 붓는다. 소금과 매염제를 뜨거운 물에 용해시켜 양동이에 붓는다. 상황별로 염색제의 지시량이 다르므로 잘 읽어 보고 사용해야 한다.

3 준비한 염색제에 시트와 베갯잇을 1시간 정도 담가 둔다. 이때 다시 사용 설명서를 꼼꼼히 읽어 본다.

4 끈을 풀지 않은 상태에서 헹굼물이 깨끗해질 때까지 차가운 물에 헹군다. 이 과정은 세탁기를 사용해도 된다. 다 헹궈지면 끈을 풀어서 세제를 사용하여 뜨거운 물에 세탁한다. 열을 직접 가하지 말고 천을 말린다.

3시간 +건조 시간 　　중급

준비해야 할 것

- 순백색 시트와 베갯잇
- 염색제
- 매염제(염료)
- 소금
- 계량컵
- 고무장갑
- 대야나 양동이
- 실
- 가위

쉐이커 스타일의 태피스트리 *Shaker wallhanging*

전원풍의 자연스런 천으로 침대에 특이하고 소박한 태피스트리를 달아보자.

1 옥양목을 원하는 크기로 재단하여 테두리를 빨간색 체크무늬 천으로 장식한다. 테두리용 천을 제 위치에 놓은 다음 단 처리용 열접착 테이프로 테두리 안팎을 처리한다.

2 앞에서 사용한 빨간색 체크무늬 천으로 태피스트리를 봉에 걸 고리를 만든다. 고리를 태피스트리 윗부분에 붙인다. 고리용 커튼 키트와 준비한 옥양목 천에 어울리는 단추로 고리 부분을 장식한다.

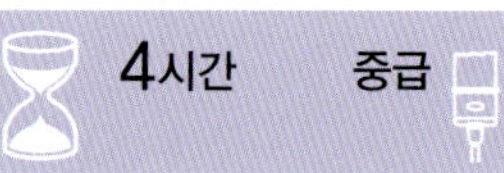

4시간   **중급**

준비해야 할 것

- 옥양목
- 빨간색 체크무늬 천
- 빨간색 바둑판무늬 천
- 분홍색 바둑판무늬 천
- 단 처리용 열접착 테이프와 심지
- 고리형 커튼 키트
- 커튼 봉
- 나사못
- 드릴
- 벽면의 콘센트
- 펜슬 또는 초크
- 시침핀
- 줄자
- 가위

3 펜슬이나 초크로 분홍색 바둑판무늬 천과 빨간색 바둑판무늬 천에 하트 모양을 하나씩 그린다. 하트 모양을 재단하여 가장자리를 단 처리한 뒤 태피스트리 가운데에 하트 모양을 올려놓는다. 열접착 심지를 이용하여 깔끔하게 고정한다.

4 커튼 봉에 끈고리를 넣고 헤드보드 근처의 원하는 위치에 잘 고정한다.

아일릿 블라인드 Eyelet blind

블라인드는 만들기 쉬울 뿐만 아니라 햇볕이나 불쾌한 광경을 차단하는 용도로 매우 좋다.

1 창 크기에 2cm 정도의 단여분을 주고 천과 안감을 재단한다.

2 천의 앞부분이 위로 오도록 하여 편편한 곳에 천을 놓고 안감은 그와 반대로 뒷부분이 위로 오도록 그 위에 놓는다. 사방을 다 맞춘 다음 시침핀을 꽂고 창구멍만 남긴 상태에서 사면을 모두 박음질한다.

3 사면을 박은 천은 창구멍을 이용하여 잘 뒤집은 뒤 손으로 구멍을 마감하여 구멍을 없앤다. 천을 잘 다린다.

4 아일릿 테이프를 블라인드 뒤편에 박은 다음 아일릿 구멍 크기만큼 가위로 잘라 낸다. 클립온 링으로 거친 부분이 보이지 않게 마감한다.

5 물음표 모양의 고리를 창틀 위쪽에 아일릿 개수만큼 박은 다음 아일릿 블라인드를 건다.

6 햇볕이 좀 더 많이 들어오게 하고 싶다면 안감을 대지 않은 레이스나 보일 천으로 바꾸어도 좋다.

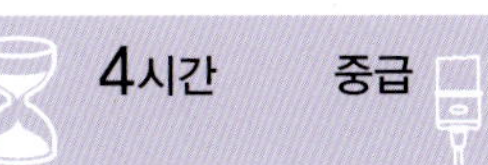

준비해야 할 것

- 창을 가릴 천
- 아일릿 테이프
- 아일릿 키트
- 물음표 모양 고리
- 안감
- 시침핀
- 줄자
- 가위
- 재봉틀과 면사
- 다리미

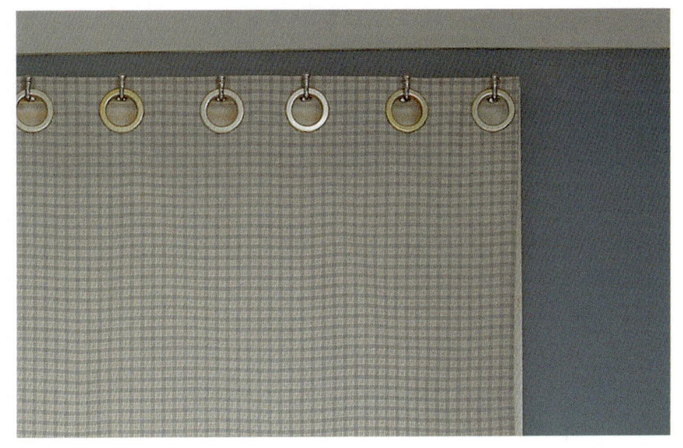

패딩 헤드보드 Padded headboard

기존의 침구류와 어울리는 예쁜 파스텔 톤의 천으로 헤드보드에 모던한 느낌을 준다.

1 판의 크기에 적당한 천 두 조각을 재단한다. 64cm× 130cm로 2인용 표준 침대 크기다. 이것이 침대 폭과 맞는지 줄자로 재어 확인한다.

2 고리형 커튼에 사용할 120cm×10cm짜리 긴 끈고리를 재단한다. 재단한 끈을 겉면이 마주보도록 반으로 접어 긴 쪽을 박아 양쪽에 조그만 구멍이 남게 한다. 양쪽 구멍을 이용하여 박은 천의 겉면이 나오도록 뒤집어 말끔히 다림질하여 15cm 길이로 재단하여

3시간　**중급**

준비해야 할 것

- 무늬 있는 천
- 폼 패드 두 개(두께 2.5cm, 가로 · 세로 각각 60cm)
- 봉
- 고리
- 나사
- 스크류 드라이버
- 시침핀
- 줄자
- 가위
- 재봉틀 또는 바늘과 실
- 다리미

여덟 개의 고리를 만든다. 고리를 반으로 접는다.

3 1번에서 재단한 천을 겉면이 마주보도록 반으로 접는다. 끈고리를 재단한 천의 윗부분에 시침핀으로 고정한다. 이때 두 장의 천 사이에 샌드위치식으로 끈고리를 일렬로 일정 간격을 두어야 한다.

4 윗부분을 박아 고리를 제자리에 고정하고 옆면을 박은 다음 아랫부분의 반을 박는다.

5 천의 겉면이 밖으로 나오도록 뒤집어서 폼 패드를 끼워 넣고 바느질로 구멍을 막는다. 봉에 끈고리를 끼우고 벽에 박은 고리에 봉을 건다.

패치워크 액자 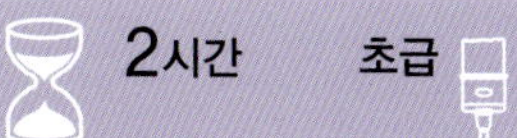

자신의 작품을 액자에 넣어 벽에 걸어도 전혀 손색이 없다. 패치워크 액자를 만들 때 예술가가
될 필요는 없다. 천을 골라서 배치해 보는 즐거움도 느낄 수 있다.

1 어떤 천을 사용할지, 어떻게 배치할지를 충분히 생각한다. 색상을 파스텔 계열로 통일하면 아무 천이나 열을 지어 붙여 둔 것 같은 느낌이 나는 것을 방지할 수 있다.

2 자투리 천으로 10cm짜리 정사각형 모양을 재단한다. 재단한 천들을 시침핀으로 연결하여 프레임에 맞춰 본 다음 분위기에 어울리는 순색 천으로 바깥 테두리를 만들어 박음질한다.

3 천을 액자의 뒷판에 구김 없이 펼쳐 놓은 뒤 프레임에 넣어 마무리한다.

| 2시간 | 초급 |

준비해야 할 것

- 자투리 천
- 액자
- 시침핀
- 가위
- 줄자
- 재봉틀 또는 바늘과 실

스타일이 살아 있는 식탁 Dining in style

꽃이 풍성한 부엌 테이블 Flowery kitchen table

테이블 다리와 프레임에 사포질을 하여 유성 페인트를 발라 건조시킨다.

　테이블 윗부분의 크기를 잰 다음 사면 15cm의 여유를 두고 준비한 방수 천을 테이블 크기에 맞춰 재단한다. 테이블 위에 방수 천을 놓고 테이블 밑으로 단을 알맞게 접어 넣은 다음 건타카로 스테플을 박는다. 이때 천이 뜨지 않도록 잘 당겨서 박는다. 모서리 부분도 깔끔하게 접어 넣는다.

⧗	**1시간** +건조 시간	초급

준비해야 할 것

- 오래된 목재 테이블
- 무늬 있는 방수 천
- 유성 페인트
- 사포
- 페인트 붓
- 줄자
- 가위
- 건타카

특별한 날을 위한 테이블보 Special occasion cloth

테이블에 순백색 천을 놓은 다음 싱싱하고 납작한 꽃머리를 쟁반이나 볼을 놓을 곳을 남긴 상태로 깔아 놓는다. 흰색 오간자 천을 테이블보 크기에 맞춰서 잘라 테이블보에 펼쳐 놓는다. 꽃병에 꽃을 꽂으면 마무리 장식까지 완료. 조화를 놓을 수도 있는데, 기왕이면 부드럽고 유연한 것이 좋다.

⧗	**30분**	초급

준비해야 할 것

- 흰색 테이블보
- 흰색 오간자 천
- 싱싱한 꽃
- 가위

*흰색 오간자 천 : 얇은 면이나 레이온 같은 평직물

비즈 장식 러너 Beaded runner

먼저 테이블의 크기를 재서 단 여분을 고려하여 천을 재단한다. 폭은 약 40cm 정도, 길이는 사진에서처럼 양끝이 내려올 정도면 된다. 양면 접착 심지를 이용하여 단 처리를 한다.

러너 양끝의 가운데를 잡고 코너를 안으로 밀어 넣어서 사진에서처럼 끝부분이 삼각형 모양이 되도록 한다. 접은 부분이 흐트러지지 않게 시침핀을 꽂아 놓았다가 양면 접착 심지로 고정한다. 일정한 간격으로 비즈를 러너 테두리에 단다.

준비해야 할 것

- 천
- 장식용 비즈
- 양면 접착 심지
- 시침핀
- 줄자
- 가위
- 바늘과 실
- 다리미

2시간　　초급

냅킨 매듭 Nakin tie

네모난 냅킨을 대각으로 접어 삼각형 모양으로 만든 다음 뾰족한 한쪽 끝에서부터 안쪽으로 말아 접는다. 냅킨을 묶을 수 있을 만큼 오간자 리본을 길게 자른다. 싱싱한 꽃가지를 접어 놓은 냅킨 길이에 맞춰 자른다. 꽃가지를 접어서 꽂거나 약간 비스듬하게 리본으로 꽃의 위치를 고정한다.

준비해야 할 것

- 냅킨
- 오간자 리본
- 싱싱한 꽃
- 가위

10분　　초급
냅킨 한 개당

레이스와 리본 Lace and ribbons

은은한 색상의 망사 레이스 Coloured nets

흰색 망사 레이스나 레이스 커튼을 염색하여 색상을 바꾼다. 커튼을 세탁하여 아직 축축한 상태에서 염색제를 넣은 찬물에 담그고 한 시간 정도 기다린다. 염색 고정액을 넣고 20분마다 저어 준다. 커튼을 염색제에 담

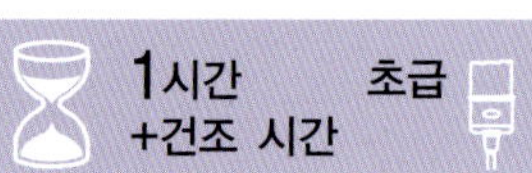

그기 전에 염색약과 고정액을 제대로 혼합했는지 확인한다. 염색이 끝나면 커튼을 헹구고 깨끗하게 세탁하여 건조시킨다.

레이스 패널 커튼 Lace panel curtains

레이스 패널을 깨끗하게 세탁 건조하여 다림질한다. 면으로 된 커튼 하나를 겉면이 위로 가도록 편편한 곳에 펼쳐 놓는다. 레이스 패널을 커튼 맨 위에 놓은 다음 중앙에서 잡아 주어 면 커튼 고리의 바로 밑에까지 내려오도록 한다.

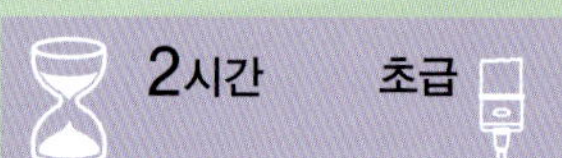

　레이스 패널의 윗부분을 커튼 맨 윗부분에 맞춰 손바느질하여 잘 붙어 있게 한다. 손바느질을 한 줄 더 하고 싶다면 커튼을 빨 때마다 뜯어내야 한다는 사실을 염두에 둘 것. 다른 커튼도 같은 방법으로 하면 된다.

레이스 테이블 효과 Lace table treatment

사이드 테이블을 특별해 보이게 하려면 레이스 천으로 테이블보를 덮는 것이 좋다. 간단한 방법으로 짧은 시간에 우아하고 전통적인 분위기를 낼 수 있다. 테이블을 직접 드러내지 않고 숨기고 싶을 때 사용하면 좋다.

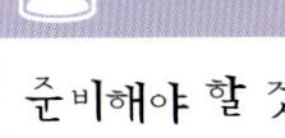 **10분** 초급

준비해야 할 것
- 순색 테이블보
- 레이스 패널이나 커튼
- 줄자

테이블 윗부분과 테이블 높이의 1/3 정도 길이를 재 보면 레이스 패널이 얼마나 필요한지 알 수 있다. 이 크기에 적당한 레이스 패널을 찾을 수 없다면 이미 단 처리가 되어 있는 레이스 커튼 천을 조금 사용해도 된다.

레이스 발란스 Lace pelmet

가로는 창문 길이의 1.5배, 세로는 25cm로 레이스를 재단한다. 원하는 색상으로 레이스를 염색해도 된다.

가로대를 창문 위에 고정하고 걸이를 가로대의 끝에 각각 단다. 가운데에도 걸이를 하나 단다. 가로대의 색을 창틀과 같은 색으로 칠하는 것이 가장 중요

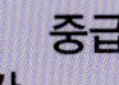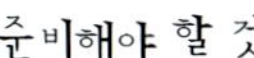 **2시간** +건조 시간 중급

준비해야 할 것
- 레이스 천
- 옷감 염색제(선택 사항)
- 걸이와 가로대
- 목재용 페인트
- 가위
- 줄자

하다. 레이스를 고리에 걸어 예쁘게 보이도록 창문에 늘어뜨린다.

▲ 캔디체크와 꽃을 매치하면 모던한 감각이 살아난다.

▲ 기본 액자에 반짝이는 스팽글 장식을 했다.

파란색과 분홍색

Blues and pinks

클래식한 느낌이 나는 파스텔 분위기에는 파란색과 분홍색을 함께 섞으면 환상적이다. 예쁜 사탕색의 쉐이드 커튼, 속이 비치는 천, 쿠션, 가벼운 모포, 예쁜 장식품들을 소개한다.

▼ 순색 쿠션에 반짝이는 소재로 심플한 아플리케를 하여 분위기를 바꿔 보았다.

▲ 벽걸이형 수납공간은 열린 공간을 만들어 주어 모던한 느낌이 나게 하고 실용적이며 값도 저렴하다. 파스텔 톤으로 속이 비치는 천을 함께 이용하면 아주 잘 어울린다.

▲ 베이비블루와 캔디핑크를 흰색 침구류에 매치하여 컬러풀하고 산뜻한 분위기를 연출.

▲ 오래된 점퍼로 새로운 쿠션 커버를 만들었다. 점퍼를 뒤집어 소매를 잘라 낸 다음 진동 둘레를 박아서 윗부분을 꿰맸다. 쿠션 커버를 뒤집어 쿠션 패드를 넣고 아랫부분을 꿰맸다.

테이블보로 저렴하게 꾸민 창. 테이블보에 간단하게 커튼 클립을 붙여 창에 걸면 된다.

▲ 소프트핑크와 라일락 색깔이 훌륭한 조화를 이룬다. 침실을 구성하는 데도 완벽한 효과를 거둘 수 있다.

파스텔 배합

Pastel combinations

대부분의 파스텔 톤 색상들은 서로 잘 어울리는 데다 다양한 방법으로 분위기를 연출할 수 있다. 같은 톤의 파스텔 색상을 이용하여 통일감을 주는 것도 방법이다. 예를 들면 파스텔 계열에 흰색을 섞어 심플하게 구성해도 좋다.

▲ 예쁜 파스텔 색 가방을 고리에 한 줄로 걸어 저렴한 가격으로 짧은 시간에 수납공간을 만들 수 있다.

▲ 예쁜 침실 느낌을 내려면 쿠션을 셔벗핑크와 부드러운 파랑을 매치하는 것이 좋다. 분홍과 파랑은 모든 파스텔 배경과 잘 조화되기 때문이다.

▲ 체크무늬 보일 패널로 창의적이면서도 저렴한 임시 옷장을 만들 수 있다. 행거 윗부분에 봉을 설치하고 커튼 클립으로 체크무늬 보일 패널을 달면 완성.

▲ 연한 분홍색과 연두색은 아름다운 색으로 디자인된 라운지에 아주 잘 어울린다. 여기에 진분홍과 진보라색의 악센트가 대비되는 톤으로 생기를 가져다 준다.

라벤더 색조

Lavender hues

라벤더와 신비한 라일락 계열의 색은 조용하고 안정된 분위기를 연출하며, 파란색이나 분홍색, 은색 등과 아름다운 조화를 이룬다. 안정된 분위기를 내야 하는 침실이나 욕실에 가장 좋다.

▲ 심플한 흰 접시와 냅킨이 색상의 충돌을 보여 주어 멋있다. 예쁜 꽃머리를 따서 냅킨마다 묶어 놓으면 매력적인 테이블 세팅이 된다.

▼ 오간자 패널에 비즈 장식을 길게 늘어뜨려 박아서 멋진 침실을 만든다.

▲ 말린 라벤더 한 주먹 분량을 네모 모양의 모슬린이나 손수건으로 묶어 리본으로 마무리하여 수도꼭지에 걸어 두면 목욕할 때 긴장을 풀어줌과 동시에 치료 효과도 볼 수 있다.

▲ 접어 놓은 냅킨에 꽃 한 송이를 올려놓고 리본으로 꽃을 묶어 테이블 장식 효과를 냈다.

▲ 오간자 패널에 주머니를 만들어 사면을 리본으로 장식한 다음 라벤더 다발을 넣어서 방충 효과를 낸다. 라벤더는 자연적인 방충제 역할을 한다.

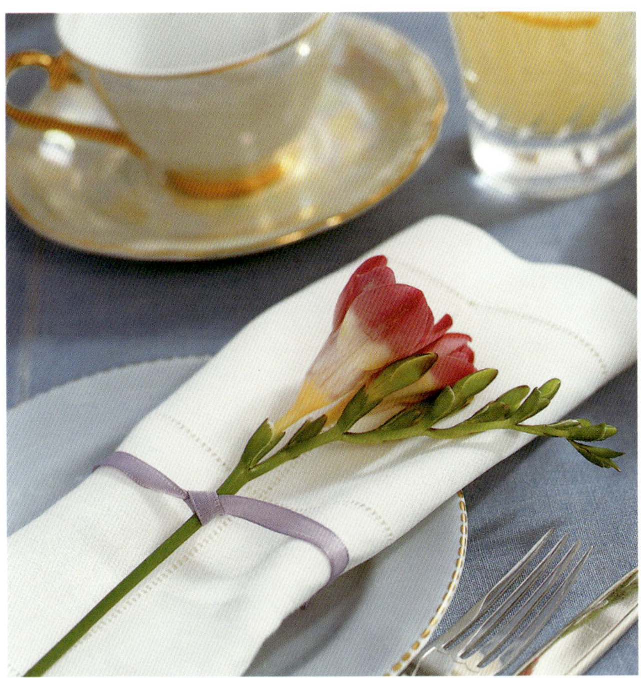

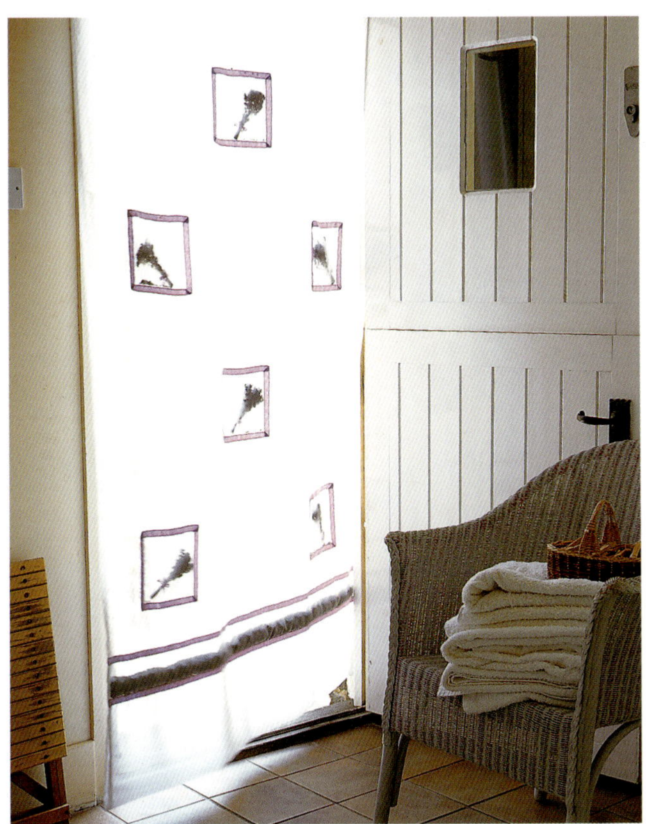

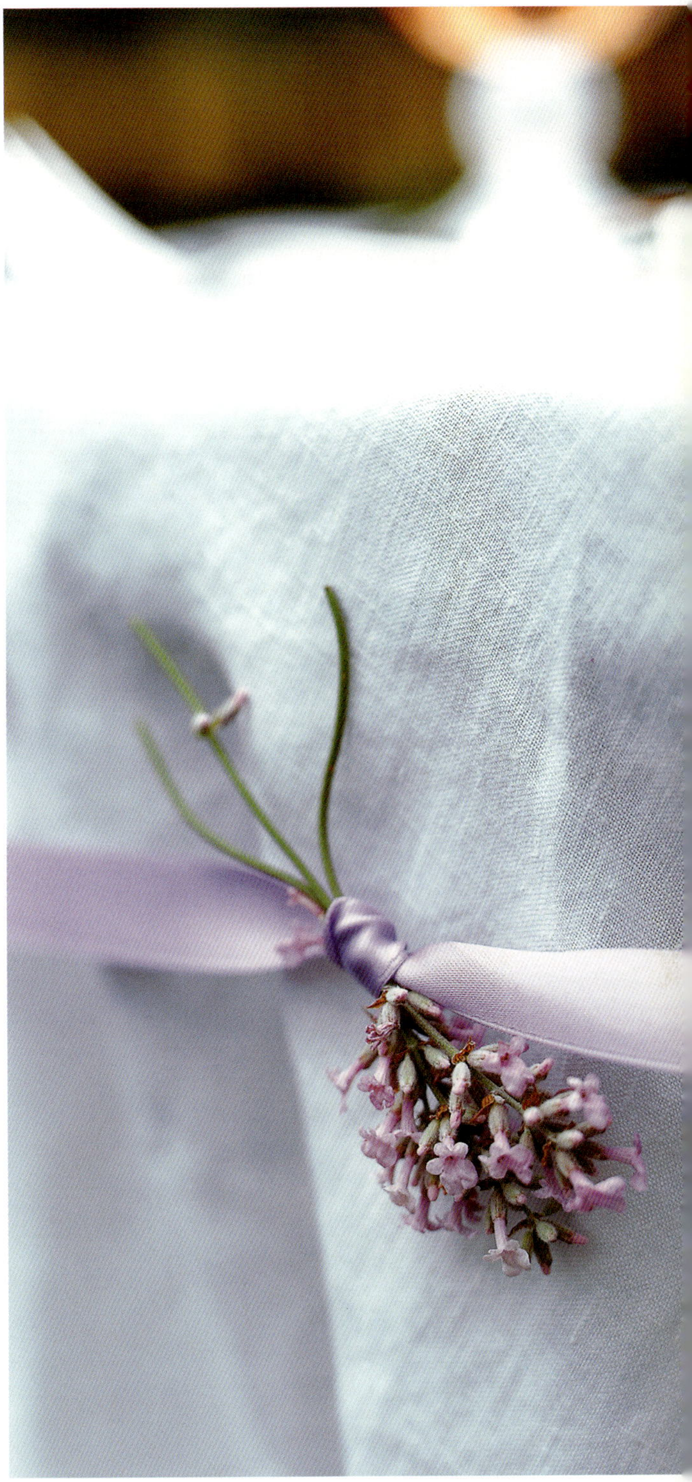

▲ 하얀 테이블보로 테이블을 덮은 뒤에 테이블을 돌려 리본을 묶을 수 있을 만큼 충분한 양의 리본을 자른다. 리본 중간에 일정한 간격으로 라벤더 가지를 묶은 뒤 테이블보 주변을 리본으로 돌려서 밑으로 처지지 않도록 묶는다.

장미와 조화을 이룬 애플그린

Apple green with roses

안정과 휴식을 테마로 여름 느낌을 강조하려면 애플그린을 기본색으로 이용해 보자.

연두색은 편안하고 안락한 느낌을 주기 때문에 거실이나 침실에 인기가 있다. 잔잔한 조각이 들어간 가구나 무늬가 있는 실내 장식용 커튼, 깔개류에 흥미를 가져 보자. 별로 복잡하지 않은 과정으로도 파스텔 톤의 방에 분위기를 낼 수 있다.

연두빛을 완성시키는 분홍 장미톤을 소개한다. 평직물은 이런 로맨틱한 방에 딱딱해 보일 수 있다. 예쁜 꽃무늬 프린트를 지나치게 여성적이지 않은 분위기로 사용했다. 어울리는 꽃무늬 두 가지를 사용하면 좀 더 강한 효과를 낼 수 있다. 펜슬 플리츠 커튼의 풍성함에 심플한 로만 블라인드를 대비시켜 보자. 공간에 개성이 살아날 것이다.

벽에도 신경 쓰자. 그러나 여러 가지 장식을 하여 마무리를 할 필요는 없다. 연한 애플그린은 자연 채광을 잘 반사시키고, 인공조명에서도 상쾌한 분위기를 낸다. 가벼운 색의 카펫은 방을 상쾌하고 밝아 보이게 한다. 이런 평온한 파스텔컬러가 집을 좀 더 안정되고 평화로운 분위기로 이끌어 줄 것이다.

- 페인트칠한 마룻바닥
- 자연스러운 톤의 카펫
- 분홍빛 빨강톤의 그림이나 사진

▲ 연한 파스텔 톤으로 칠한 캔버스 패널 쉐이드는 방에 포인트를 주고, 로맨틱하면서도 여성적인 분위기에 모던한 느낌까지 더해 준다.

▲ 꽃을 놓아두면 부드럽고 상쾌한 느낌을 더 강조할 수 있다. 분홍색은 훌륭한 대비 효과를 내 준다.

▲ 비즈나 스팽글(세퀸)로 장식한 쿠션은 재질감을 잘 살려 준다.

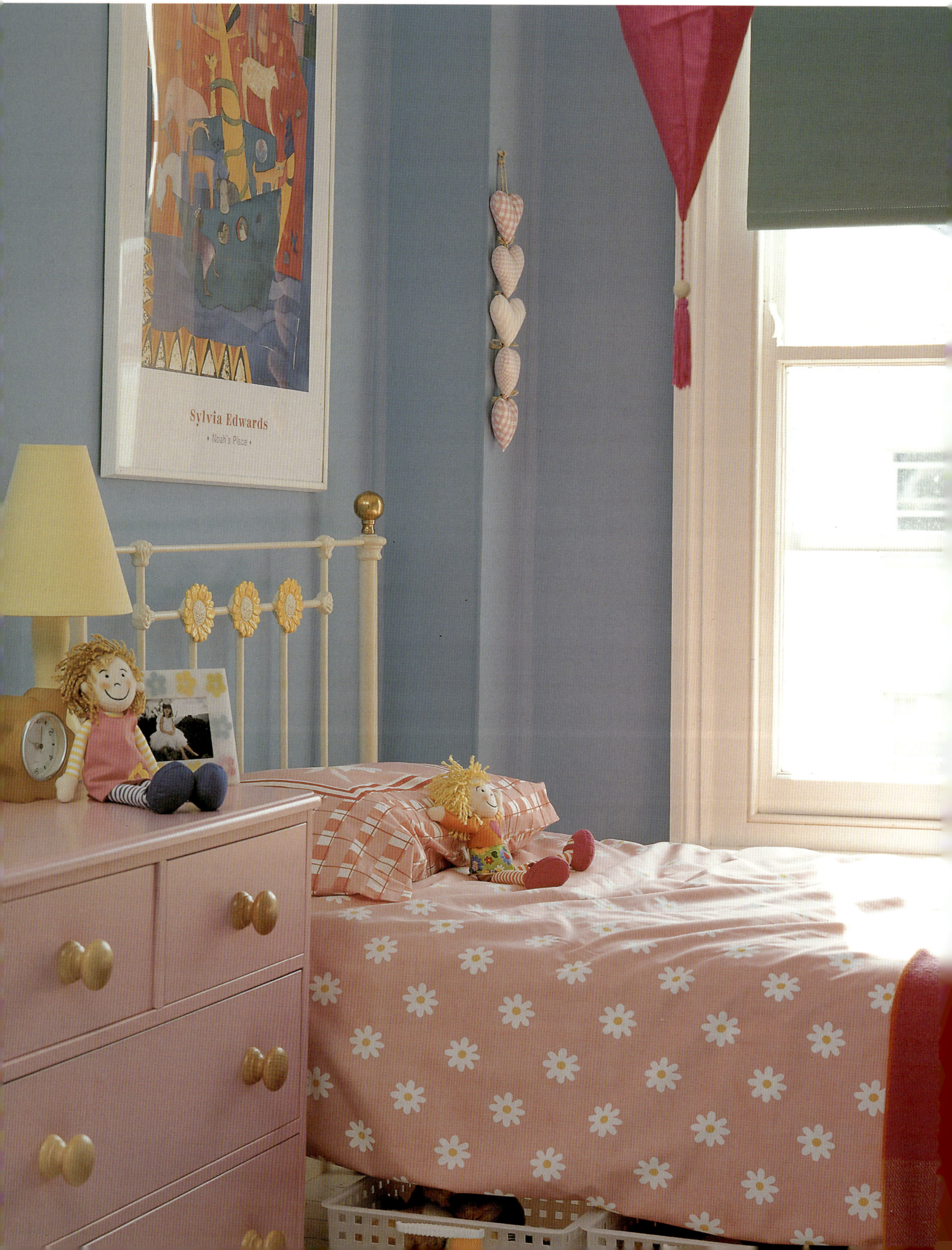
Sylvia Edwards
Noah's Place

밝게 꾸민 아이들 방

Bright kid's room

아이 침실에 연분홍과 쵸키블루(벽을 칠한 페인트 색)에 약간의 빨간색을 사용하여 기분이 밝아지게 했다.

침대에 다양한 색상과 무늬를 사용하여 침대를 방의 포인트로 만들어 보자. 여기서는 심플한 꽃무늬 침구류를 선택했는데, 밝은 분홍색과 흰색이 크림색 철제 장식 침대에 완벽하게 어울린다. 빨간색과 흰색이 섞인 부드러운 모포는 침대에 아늑한 느낌을 더해 주고, 술 달린 전등갓은 포인트가 되어 줄 뿐만 아니라 재미까지 더한다.

중간 톤의 쵸키블루는 방에 생기를 주고, 분홍색과 훌륭한 조화를 이룬다. 전체적인 느낌을 맞추기 위해 가구는 기본 테마에 맞춰 분홍색으로 칠했다.

아이들 침실을 깔끔하고 단정하게 유지하기 위해 수납 공간은 필수다. 심플하면서도 색상이 화려한 플라스틱 수납 박스는 많은 양의 장난감을 수납할 수 있으며, 침대 아랫부분까지 깔끔하게 활용할 수 있다는 장점이 있다. 연한 크림색 소품들과 재미있고 컬러풀한 대형 그림, 그리고 사진을 벽에 걸어 장식하는 것으로 인테리어를 마무리하면 된다.

- 분홍색 대신 라일락 색상 사용하기
- 목재로 만든 헤드보드
- 흰색으로 칠한 목재형 헤드보드
- 여러 가지 색상의 줄무늬 침구류

▲ 심플하고 깔끔한 모양을 유지하는 데는 수납공간이 필수. 그 중에서도 특히 플라스틱 수납 박스는 가구보다 실용적이다. 포인트를 주기 위해 어울리는 색상으로 바꿔도 좋다.

▲ 빨간색 소품은 방 분위기를 강하게 해 준다. 따뜻하고 포근한 빨간색 담요를 선택하면 간단하게 방 분위기에 느낌을 더할 수 있다.

▲ 단순하여 자칫 지루하게 느껴질 수 있는 가구에 컬러풀한 페인트 코팅을 하면 새로우면서도 눈에 띈다.

선명한 파스텔 톤 침실

Rich pastel bedroom

편안하면서도 꿈속에 있는 듯한 분위기를 원한다면 선명한 파스텔 톤을 선택한다.

이처럼 꿈같은 침실 분위기를 만들기 위해서는 일단 뚜렷한 색상의 페인트 효과는 피하고 단색 벽을 선택하거나 세심한 부분에 신경 써야 한다. 부드러운 아쿠아마린이나 터키석 색깔로 페인트의 강한 효과를 줄이고, 벽 위쪽 부분에 연한 아쿠아색 줄을 넣었다.

침대는 예쁜 파스텔 톤으로 꾸몄고, 리본으로 장식한 베개로 장식 효과를 냈다. 작은 꽃무늬 쿠션을 몇 개 놓아 밝고 예쁜 분위기를 더했다. 아늑한 분위기를 위해 모포 몇 개를 놓아두었다. 그리고 보일 패널에 예쁜 컬러의 리본을 묶어 장식했다. 화려한 철제 가구는 이런 우아한 분위기에 잘 어울린다. 크림색이나 흰색으로 철제 침대에 페인트칠을 하면 분위기를 살릴 수 있다.

페인트칠을 한 목재 바닥도 이러한 분위기에 아주 잘 어울린다. 색상은 순백색을 선택하고, 따뜻한 손길을 느낄 수 있는 부드러운 셔닐 러그 몇 개를 깔아 놓는다.

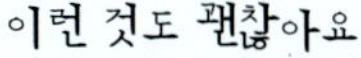

이런 것도 괜찮아요

- 흰색 우드워시(흡수성 보료)로 칠한 목재 가구
- 흰색으로 칠한 목재 가구
- 연한 파랑이나 라일락색 카펫
- 자잘한 꽃무늬 침구류

▲ 상쾌하고 가벼운 느낌이 나는 파스텔 톤 리본으로 순색 보일이나 모슬린 패널을 묶는다.

▲ 분위기에 어울리는 예쁜 색깔의 소품을 사용한다. 상쾌한 톤의 파란색을 더하면 방을 코디하는 센스를 더욱 돋보이게 해 준다.

▲ 순백색 베갯잇에 세로로 리본을 박음질하는 것도 좋은 방법.

대담하고 밝은
원색
Bold Brights

밝은 색상의 부드러운 커튼이나 깔개류는 **모던**하면서도 **대담**한 분위기를 낸다. 대담하면서도 밝은색은 단조로운 배경에 부드러운 분위기를 더해 주거나 가라앉은 분위기를 살려 준다. 밝은색은 무난한 인테리어 분위기를 **세련**되면서도 더욱 **매력적**으로 만들어 준다. 프린트된 천이나 순색 천, 짜임이 보이는 벨벳, 새틴 등을 선택해 보자. 밝은색들은 무늬가 조합되었을 때 서로 잘 어울린다. 평범한 블록 모양이 들어 있는 색깔 천에 색 테두리나 줄무늬, 여러 종류의 무늬를 곁들이면 서로 잘 어울린다. 이렇게 함으로써 대담하면서도 **조화**로운 분위기를 낼 수 있다. 체크무늬나 줄무늬, 기하학적무늬들은 **밝고 모던한** 인테리어를 만들어 낸다.

물방울무늬 등갓 *Polka dot lampshade*

대담한 물방울무늬 등갓으로 방을 튀게 해 보자. 분위기를 화려하게 하기 위해서는 물방울과
대비되는 밝은색 털실 방울을 가장자리에 장식해도 좋다.

1 오래된 등갓을 리폼하기 전에 먼지나 기름때가 없도록 깨끗하게 닦는다. 작업할 장소에 신문지를 깐 다음 그 위에 등을 올려놓는다.

2 스프레이 페인트 통을 잘 흔들어 등갓에 뿌리기 전에 연습 삼아 신문지에 뿌려 본다. 스프레이를 뿌릴 때는 등갓에서 30cm~40cm 떨어진 곳에서 색이 골고루 입혀지도록 왼쪽에서 오른쪽으로 움직이면서 뿌린다. 두꺼운 칠 한 번으로 끝내기보다는 시간이 좀 더 걸리더라도 얇은 칠을 여러 번 하는 것이 좋다.

3 등갓에 세로로 흰색 원형 스티커를 사방 2.5cm 간격으로 붙인다. 이때는 등갓의 꼭대기에 가까운 부분에서부터 붙인다. 간격을 고르게 하여 등갓 전체에 붙인다.

4 등갓 아래의 테두리 부분에 접착제를 바른 다음 그 부분을 따라 털실 방울 레이스의 뒷면을 붙인다. 털실 방울 레이스가 제자리에 잘 고정되도록 조심스럽게 작업한다. 작업이 끝나면 마를 때까지 기다린다.

1시간
+건조 시간   초급

준비해야 할 것

- 등갓
- 털실 방울 레이스
- 흰색 원형 스티커 여러 장
- 스프레이 페인트
- 강력 접착제
- 신문

접의자 리폼 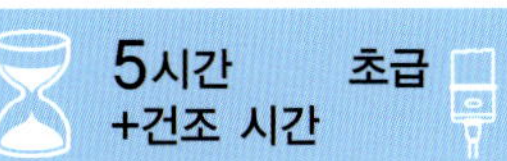 *Decorative director's chair*

오래된 접의자에 데님 천이나 스팽글, 비즈, 디아망테*로 장식을 하여 새로운 분위기를 낸다.

1 접의자의 오래된 커버를 벗겨 내고 약한 세제로 프레임을 닦아 묵은때를 제거한다.

2 물기가 마르면 의자 가장자리 부분을 사포로 문질러 약간 오래된 듯한 효과를 낸다.

3 오래된 의자 커버를 패턴 삼아 데님 천을 재단한다. 가장자리는 깔끔하게 단 처리한다.

4 대형 문구 센터나 공예점에서 알파벳 스텐실을 구입할 수도 있고, 컴퓨터로 당신만의 개성이 살아 있는 스텐실을 만들 수도 있다. 글자를 인쇄하여 공예용 칼로 선을 따라 글자를 잘라내면 된다. 구매한 것을 사용한다면 종이 위에 알파벳을 놓아 본다. 그래야 공간이 얼마나 필요한지, 의자 등받이에 들어갈 수 있는지 등을 알 수 있다.

5 의자 등받이 부분용으로 재단한 천을 편편한 면에 펼쳐 놓고 마스킹 테이프를 이용하여 그 위에 스텐실을 붙인다. 스프레이 페인트를 뿌리기 전에 스텐실 주변을 신문으로 덮어서 주변에 페인트가 떨어지지 않도록 한다.

6 글자가 다 칠해질 때까지 얇은 칠을 여러 번 한다. 얇은 칠을 여러 번 하는 것이 두꺼운 칠을 한 번 하는 것보다 훨씬 좋다. 섬유용 펜이나 페인트를 제품 매뉴얼에 따라 사용하여 손수 그려서 디자인할 수도 있다.

5시간
+건조 시간 초급

준비해야 할 것

- 의자에 사용할 데님 천
- 스팽글
- 디아망테 비즈
- 비즈로 만든 술 장식
- 섬유용 스프레이 페인트
- 세제와 천
- 사포
- 스텐실
- 공예용 칼(자신만의 스텐실을 만들고 싶다면)
- 마스킹 테이프
- 신문
- 재봉틀 또는 바늘과 면사

7 스텐실 디자인 주변에 스팽글이나 디아망테 비즈를 박아 예쁘게 꾸민다. 비즈로 만든 술 장식을 등받이 윗부분과 아랫부분에 둘러 박는다. 장식이 끝난 새 커버를 프레임에 끼워 넣으면 접의자 리폼 완성.

*디아망테 : 인공 보석 등의 반짝이는 장식을 한 드레스나 직물

공간 칸막이 *Room dividers*

두 가지 용도로 사용하는 공간을 패브릭 배너로 분리하여 멋스러우면서도 모던한 분위기를
연출한다.

1 먼저 방의 높이를 잰다. 패브릭 배너의 폭은 원하는 대로 정하고, 양쪽에 여유분을 각각 7.5cm씩 준다. 높이는 방 높이에 단 여유분 12cm를 주어 재단한다.

2 양면 접착 심지를 이용하여 폭이 2cm인 배너 둘레 단을 만든다. 세로의 양 끝단을 다시 2cm 접고 양면 접착 심지를 사용하여 올이 풀리지 않도록 한다. 이렇게 하면 양 끝단이 깔끔해 보인다.

3 배너의 윗단과 아랫단을 6cm 접고, 양면 접착 심지를 이용하여 양쪽이 뚫린 단을 만든다.

4 쇠톱으로 기다란 목재 봉을 배너 폭보다 조금 짧게 잘라서 밑단에 밀어 넣는다. 이렇게 하면 무게감이 생긴다. 남은 봉은 배너 폭보다 10cm 길게 잘라 윗단에 밀어 넣는다.

5 천장에 갈고리 나사를 돌려 박는다. 이때 나사와 나사 간의 거리는 배너 폭보다 넓게 한다. 갈고리 부분에 봉을 건다.

3시간　중급

준비해야 할 것

- 천
- 양면 접착 심지
- 쇠톱
- 목재 봉
- 패널당 2개의 갈고리 나사
- 줄자
- 가위
- 다리미

리본형 드레이프 Ribbon drapes

부드럽고 하늘하늘한 커튼을 실크 리본으로 장식하여 달아 보자.

1 먼저 창 크기를 잰다. 천을 접었을 때 주름이 우아하게 잡혀야 하므로 창문 폭보다 20~25% 정도 주름 여유분을 더 준다. 단 여분은 사방으로 준다. 오간자 천을 계산한 대로 재단한다.

2시간　　**초급**

준비해야 할 것

- 실크 리본
- 오간자
- 시침핀
- 줄자
- 가위
- 재봉틀 또는 바늘과 면사

2 재단한 오간자 천의 사면에 약간의 단을 넣고 고정하기 위해 시침핀을 꽂는다. 위치가 고정되면 박음질을 한다.

3 편편한 곳에 박음질한 오간자 커튼을 펴놓는다. 예쁜 색깔의 리본을 골라서 오간자 커튼의 폭에 1cm(양끝에 0.5cm 여유분을 두기 위해) 여유분을 주고 자른다.

4 리본이 커튼을 가로지르도록 놓고 시침핀으로 조심스럽게 고정한다. 이때 리본 사이의 간격을 서로 달리하여 마음에 드는 무늬를 만들어 본다. 리본을 붙일 때는 쭈글거리지 않고 짝 펴지게 한다. 리본을 박음질할 때는 리본과 비슷한 색상의 실을 이용하여 바느질 자국이 눈에 띄지 않도록 한다.

5 커튼 윗단에 박아 봉에 달 리본을 같은 길이로 재단한다. 재단한 리본들을 반으로 접어서 같은 길이로 묶을 수 있도록 한 다음 일정한 간격으로 잘 박는다. 커튼 위에 단 리본을 봉에 달아 커튼을 건다.

자홍 핑크 *Fuchsia pinks*

장미꽃 봉오리 쿠션 Rosebud cushion

순색 실크 쿠션 커버를 편편한 곳에 놓은 다음 초크와 자를 이용하여 커버에 7.5cm 간격으로 격자 무늬를 그린다. 격자가 겹치는 부분에 조심스럽게 장미꽃 봉오리 장식을 단다.

⏳ **2시간** 초급

준비해야 할 것

- 실크 쿠션 커버와 쿠션
- 장식용 장미꽃 봉오리
- 초크
- 자
- 실과 바늘

간단한 시침핀 게시판 Simple pinboard

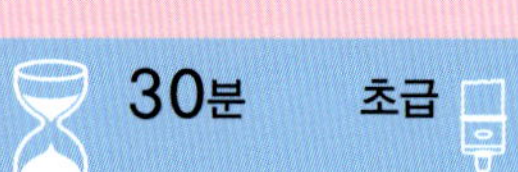

두꺼운 카드보드지에 네 개의 직사각형을 그려서 모양대로 자른다. 재단한 직사각형에 단 여유분(사면에 각 5cm씩)을 주고 준비한 천이나 펠트지를 재단한다. 재단한 천을 놓고 카드보드지를 놓은 다음 양면 테이프를 이용하여 뒷부분에 단을 접어 넣는다.

벨크로를 이용하여 네 개의 게시판을 벽에 붙인다. 평행하게 붙었는지 알코올 수준기로 확인한다.

⏳ **30분** 초급

준비해야 할 것

- 일반 천 또는 펠트지
- 두껍고 단단한 카드보드지
- 양면 테이프가 뒷면에 붙어 있는 벨크로
- 양면 테이프
- 펜슬
- 자
- 가위
- 알코올 수준기

로만 블라인드  Roman blind

창 크기에 단 여분(사면 각 2.5cm 씩)을 주고 천을 재단한다. 양면 접착 심지를 이용하여 단을 정리한다. 블라인드용 목재 봉이 들어갈 위치를 정하여 블라인드 뒷면에 표시한다. 간격은 30cm로 한다. 봉주머니 천을 재단하고 표시한 위치에 시침핀으로 고정한 다음 블라인드를 가로지르도록 박는다. 박음질이 끝나면 목재 봉을 밀어 넣는다.

커튼 링을 일정한 간격으로 봉주머니마다 일렬로 맞추어 박

2시간   중급

준비해야 할 것

• 천
• 양면 접착 심지
• 블라인드에 알맞은 목재 봉
• 커튼 링
• 도토리 모양 손잡이, 후사 고리
• 시동 고리
• 줄
• 가구용 못
• 시침핀
• 줄자
• 재봉틀 또는 바늘과 실

는다. 밑단의 커튼 링에 줄을 묶고 일렬로 달린 커튼 링에 줄을 꿰어 놓는다. 목재 가구용 못으로 블라인드를 창틀에 고정하고 시동 고리를 커튼 링 간격에 맞게 설치한다. 앞에서 꼰 줄을 시동 고리에 넣고 한쪽 시동 고리로 줄을 모두 모아 한 줄로 만들어 맨 끝에 도토리 모양의 손잡이를 단다. 창틀 옆에 후사 고리에 고정하여 블라인드를 들어올릴 때 쓰는 줄을 매는 데 사용한다.

예쁜 접시 받침 Decorative coasters

카드보드지를 10cm×10cm 크기로 재단한다. 재단한 카드보드지의 외곽선 길이를 재서 스팽글 코드를 길이에 맞게 재단하여 강력 접착제로 돌려가며 붙인다. 앞의 과정을 반복하여 사각형의 윗면을 스팽글 코드로 채운다.

스팽글 코드를 붙일 때 인접한 부분은 서로 다른 톤으로 붙인다.

접착제가 마르는 동안 다른 접시 받침에도 같은 방법으로 스팽글 코드를 붙인다. 선물하고 싶다면 깔끔하게 리본으로 묶는다.

1시간 +건조 시간   초급

준비해야 할 것

• 여러 가지 핑크톤 스팽글 코드
• 리본
• 두껍고 단단한 카드보드지
• 강력 접착제
• 펜슬
• 가위
• 자

커튼 달기 요령 몇 가지 *More curtain tricks*

레이어드 커튼

준비한 모슬린 천 두 장을 폭은 창에 맞추어 길이는 커튼 봉에서 마루까지 길이의 두 배로 재단한다. 이때 한쪽 천은 길이를 40cm 정도 짧게 재단한다. 여기서는 오렌지색 천을 짧게 재단했다.

단 여분은 2cm 주고, 시침핀으로 고정한 다음 양면 접착 심지를 이용하여 사면을 모두 단처리한다. 윗단은 천의 앞으로 접어 처리하고 아랫단은 뒤로 접어 처리한다. 짧은 쪽 천을 마루에 편편하게 펴놓고 그 위에 긴 천을 올려놓고 밑단을 서로 맞춘다.

포갠 두 천을 커튼 봉에 늘어뜨려서 커튼에 두 겹의 층이 생기도록 하여 레이어드 커튼을 만든다. 각각의 커튼을 어울리는 색의 타이 백으로 묶어 양옆에 걸면 완성.

⏳ **1시간**	초급

- 분홍색 모슬린
- 오렌지색 모슬린
- 양면 접착 심지
- 시침핀
- 줄자
- 가위
- 다리미

모포 커튼 Blanket curtain

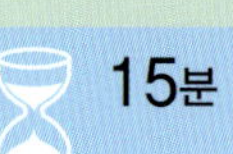
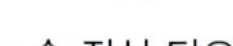

술 장식 모포를 사진처럼 커튼 봉 위에 걸쳐 앞으로 내리면 술 장식 효과를 낼 수 있다. 앞쪽으로 얼마나 내릴지를 정한 다음 모포를 늘어뜨려 대형 커튼 집게로 봉에 고정하면 완성.

⏳ **15분**	초급

준비해야 할 것
- 술 장식 담요
- 대형 커튼 집게

데이지 리본 블라인드 Daisy ribbon blind

창틀의 들어간 부분에 고정하기 위해 빗자루 손잡이나 목재 봉을 길이에 맞춰 잘라 하도 작업을 하여 창틀과 어울리는 색의 페인트를 칠한다. 리본을 원하는 길이로 재단한다. 한쪽 끝은 가위로 둥글린 다음 데이지(조화)의 줄기에서 머리 부분만 떼어 낸다. 붙일 때 남는 플라스틱 부분이 있으면 떼어 낸다.

　　강력 본드를 이용하여 준비한 데이지를 재단해 놓은 리본의 둥글린 끝부분에 붙인다. 양면 테이프를 이용하여 리본의 다른 끝부분을 빗자루 손잡이 뒷부분에 보이지 않도록 붙인다. 마지막으로 창틀에 박아 놓은 고리에 빗자루 손잡이를 고정하면 완성.

	90분　중급
	준비해야 할 것

- 실크 데이지(데이지 모양 조화)
- 리본
- 빗자루 손잡이나 두꺼운 목재 봉
- 목재 하도용 페인트
- 유성 페인트
- 강력 접착제
- 양면 테이프
- 고리 나사
- 페인트 붓
- 톱
- 가위

홀치기 염색 커튼 Tie-dye curtains

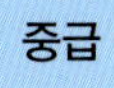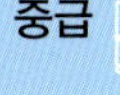

준비한 커튼을 적셔서 편편한 면에 깔아 놓는다. 폭이 얇은 선을 만들기 위해 세로로 아코디언 주름을 단단하게 접는다. 10cm 간격으로 실이나 고무줄로 단단히 감으면 된다.

　　양동이에 염색제와 고착제를 넣고 나무 숟가락(젓가락)으로 잘 저어서 커튼을 담근다. 몇 분 뒤에 커튼을 빼서 비닐 가방에 넣고 봉지 윗부분을 단단히 묶어서 밤새 그대로 놔둔다.

　　비닐 가방에서 커튼을 빼서 깨끗한 물이 나올 때까지 찬물에 헹군다(이때도 단단히 감아 놓은 실이나 고무줄은 풀지 않는다). 커튼을 일반 세제로 빤 다음 감아 놓았던 실이나 고무줄을 풀어 햇빛에 말린다.

	1시간 +건조 시간　중급
	준비해야 할 것

- 순색 면 커튼
- 실 또는 고무줄
- 직물 염색제(찬물용)
- 염색 고착제(찬물용)
- 양동이
- 나무 숟가락(젓가락)
- 비닐 가방
- 가위

이국적인 효과 Exotic effects

뱅글 타이백 Bangle tie-back

유색의 가벼운 커튼과 만났을 때 최고의 효과를 내는 장식 아이디어. 트임이 있고 구부릴 수 있는 비즈 뱅글은 이런 타이백을 만드는 데 가장 쉬운 방법이다. 커튼을 걸어서 함께 묶으면 된다.

커튼 중간 부분을 예쁜 색상의 비즈 뱅글로 묶어서 즉석에서 예쁜 타이백을 만들었다.

10분	초급

준비해야 할 것
- 가벼운 유색 커튼들
- 구부릴 수 있는 비즈 뱅글*

*뱅글 : 금이나 은, 유리 등으로 만든 여성용 장식 고리

화려한 침구류 Glamorous bedlinen

장식 효과가 높은 천을 이용하여 이불 커버를 예쁘게 꾸며 주는 심플한 실크 조각천을 만들어 보자. 원하는 크기의 조각천 본을 종이에 대고 정사각형을 그려 모양에 맞게 자른다. 정사각형을 대각으로 접어 삼각형 모양으로 만들고, 준비한 자투리 천으로 두 개의 삼각형을 그려 재단한다.

이불보에 조각천 놓을 위치를 앞에서 만든 종이본과 초크를 이용하여 표시한 다음 두 개의 삼각형 모양 조각천을 이불보에 놓고 가장자리 단을 집어넣어 시침핀으로 고정한다. 고정했으면 조각천이 이불보에 고정되도록 실땀 간격을 크게 하여 홈질한다. 바느질이 끝난 천을 다림질한다.

1시간	중급

준비해야 할 것
- 순색 침구류
- 인도풍 실크 천 자투리(세탁기로 세탁 가능한)
- 본 뜰 종이
- 초크
- 시침핀
- 가위
- 실과 바늘
- 다리미

벨벳 술 장식 쿠션 Velvet fringed cushion

쿠션 패드의 크기에 맞춰 쿠션의 앞판과 뒷판을 유색 벨벳 천으로 재단한다. 이때 가장자리 단여분은 2cm씩 준다. 앞판과 뒷판의 겉끼리 맞댄 다음 세 면을 박는다. 마지막 한 면은 시침핀으로 지퍼를 고정한 다음 제자리에 맞춰 조심스럽게 박는다.

가장자리에 두를 술 장식을 쿠션 둘레에 맞춰 자른다. 쿠션 커버 앞면의 가장자리에 술 장식이 오도록 하여 시침핀으로 고정한다. 천에 어울리는 실을 사용하고, 쿠션 전면에 술 장식이 잘 놓이도록 박는다.

1시간	중급 

준비해야 할 것
- 벨벳 천
- 쿠션 패드
- 술 장식
- 지퍼
- 시침핀
- 줄자
- 가위
- 재봉틀 또는 바늘과 면사

사리 베드헤드 Sari bedhead

침대 위를 사리 천으로 감싸 매력 포인트를 만들어 보자.

물음표 모양의 고리를 이용하여 천장에 커튼 봉을 설치한다. 사리 천은 침대맡과 천장 사이 길이의 2배로 재단하여 커튼 봉에 걸어 2겹이 되게 한다. 앞부분의 사리 천을 모아서 뱅글 타이백으로 묶는다.

30분	초급 

준비해야 할 것
- 사리 천*
- 뱅글 또는 비즈를 꿴 와이어
- 커튼 봉
- 물음표 모양 고리 2개
- 드릴
- 나사못
- 가위

*사리 천 : 인도 여성들이 몸에 두르는 길고 가벼운 천

고급스러운 분위기

A hint of luxury

심플한 소품에 고급스러운 천을 덧대어 자신의 스타일에 맞게 리폼한다. 단순히 장식적인 테두리나 조각천을 덧대는 것만으로도 변화를 줄 수 있다.

쓰고 남은 자투리 천이나 리본은 이런 변화에 아주 적당한 아이템이다.

▼ 거실이나 침실에 놓인 실크 모포나 쿠션에 고급스러운 사리 천을 장식하여 남아시아 풍의 분위기를 연출한다.

▲ 식탁보로 만든 냅킨. 25cm짜리 정사각형으로 재단하여 단 처리를 하여 돌돌 말아서 색깔 있는 리본으로 묶어 마무리한다.

▲ 낡은 의자를 새로 칠한 다음 진한 색상의 벨벳으로 커버를 씌워 고급스러운 분위기를 연출했다. 대비되는 색상의 쿠션이 분위기를 더한다.

▲ 등갓 아랫부분에 복슬복슬한 털을 돌려가며 붙여 심플한 스탠드를 화려하게 만들었다.

▲ 인도풍 사리처럼 화려한 자투리 천을 이용하여 만든 예쁜 식탁 매트. 색깔 있는 노끈이나 리본으로 가장자리를 둘러 마무리한다.

▲ 순색 쿠션에 화려한 천 조각을 붙여 더욱 화려한 느낌이 나게 한다. 조각천의 테두리에는 리본을 사용한다.

▲ 단색 모포에 밝고 경쾌한 분위기를 연출하기 위해 모포 색과 대비되는 색실을 사용하여 지그재그 스티치(버튼홀 스티치)로 둘러 대비 효과를 냈다.

시트러스 효과

Citrus shades

노란색이나 주황색 같은 시트러스 계열과 녹색을 함께 쓰면 밝고 생기 있는 분위기를 연출할 수 있다. 게다가 이런 색상들을 사용하다 보면 재미도 느껴진다. 레몬이나 귤색, 라임색을 방에 사용하면 활력이 넘치고 햇살을 가득 머금은 듯한 느낌을 받을 수 있다. 반대로 이러한 분위기를 조금이나마 경감시키고 싶다면 흰색을 약간 쓰면 된다.

▼ 무늬가 대담하거나 짜임새가 각기 다른 재질의 쿠션들을 섞어 놓아 촉감이 느껴지게 할 수도 있다.

▲ 노란색, 주황색, 녹색은 햇살 가득한 분위기를 만들어 준다. 이런 색상들을 사용할 때 종류가 다른 여러 가지 천을 함께 이용하면 방에 활기를 줄 수 있다.

▲ 대담한 무늬의 침구류와 밝은 순색의 쿠션 블록이 훌륭한 조화를 이룬
다.

▲ 비즈로 장식된 등갓은 화려한 분위기를 내 줄 뿐만 아니라 칙칙한 방을
밝게 해 준다.

▲ 짜임새가 서로 다른 천을 함께 섞어 놓는 것도 흥미 있는 방법. 벨벳
쿠션과 짜임새가 있는 쿠션을 격자무늬 모포 위에 함께 놓아두었다.

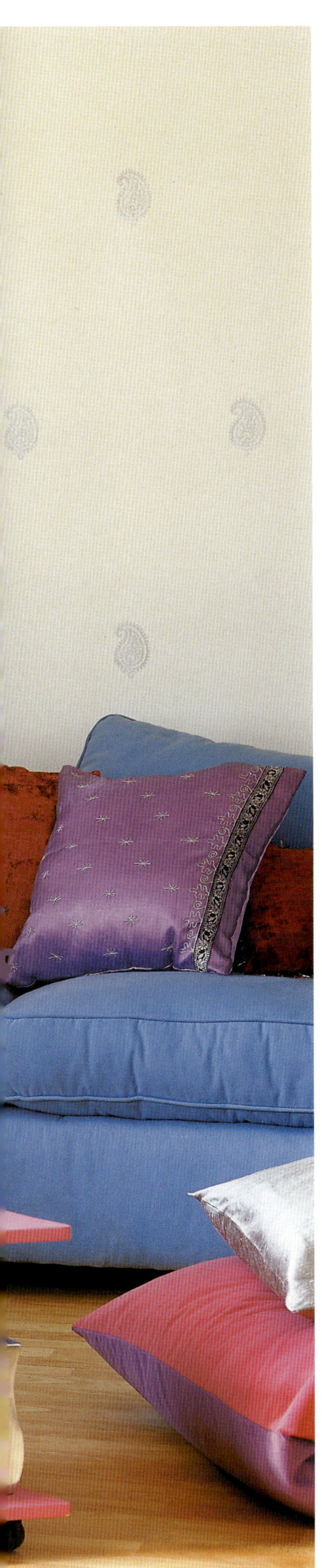

실크로드 스타일

반짝이는 실크와 선명한 색상의 비즈로 이국적이면서도 눈부시게 화려한 분위기를 연출한다.

생동감 넘치면서 어딘지 모르게 사람의 마음을 끄는 분위기. 흰색 배경은 고급스러운 쿠션과 깔개 장식을 더 강조하고 방에 화려한 느낌을 준다. 밝은 파란색 계열의 소파와 팔걸이의자는 대비되는 색상의 쿠션, 모포와 아주 잘 어울린다.

소품과 쿠션, 그리고 깔개 장식이 이 방의 주요 포인트다. 진분홍, 라일락, 보라색, 코발트블루 계열을 사용했다. 눈길을 끌기 위해 술 장식과 자수, 스팽글, 리본 등을 가미했다. 사리 천을 이용하여 모포나 커튼, 태피스트리에 대담한 컬러를 연출했다.

방에 사용한 천들과 잘 어울리는 색의 페인트를 칠해 가구와 방 분위기가 어울리도록 했다. 페이즐리(가는 곡선 무늬, 아메바 모양과 비슷) 모양의 스탬프와 은색 페인트를 벽에 찍어 생동감을 더했다. 장식용 촛대와 샹들리에로 전체적인 분위기를 한층 더 호화롭게 마무리한다.

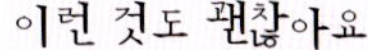

이런 것도 괜찮아요

- 은빛이 도는 파란색 계열의 부드러운 카펫
- 라일락, 파랑, 아쿠아그린 색상
- 벨벳 소파

▲ 대담한 스타일을 원한다면 가구를 밝은 분홍색이나 라일락 계열로 칠한다.

▲ 비즈와 자수로 장식한 쿠션들은 소파의 분위기를 높여 줄 뿐만 아니라 평범한 분위기에 화려함을 더해 준다.

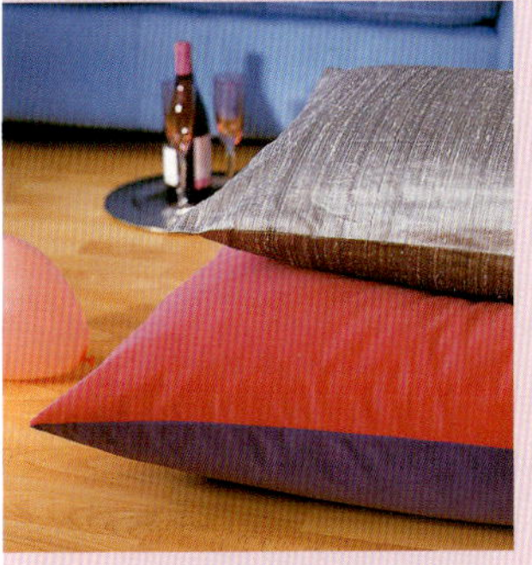

▲ 마루에 실크로 만든 크고 안락한 바닥 쿠션을 놓아 색감을 더했다.

▲ 장식 스탬프를 사용하여 벽에 은색 스탬프를 찍어 자신만의 독특한 분위기를 연출한다.

동양적인 분위기

진한 빨강을 강조 색으로 쓴 거실에 과감한 색상과 동양적인 무늬들을 더한다.

동양적 스타일은 심플한 것이 특징이다. 눈에 띄지 않는 중간 톤의 배경에 몇 가지 디자인 비법을 더하면 동양적인 스타일이 된다.

　나무 판에 붉은 페인트로 그린 그림에 검정 테두리를 달아 벽면을 장식한 것은 강렬한 분위기를 내 주기는 하지만 방 분위기를 압도하지는 않는다. 그림이 지나치게 강렬하다고 느껴진다면 동양적인 분위기의 벽지로 그림을 씌워도 된다. 여기서는 서예 벽지를 사용했다. 등나무로 만든 심플한 상자 모양의 소파만으로도 거실에 완벽하게 어울리지만 동양적인 분위기의 조각천을 붙인 리넨 쿠션들로 거실 분위기를 더욱 활기차게 만들었다.

　진품처럼 보이는 가리개는 동양적인 분위기를 물씬 풍긴다. 가리개는 MDF에 패브릭이나 벽지에 있는 무늬에서 모티브를 얻어 직접 그리거나 다른 실내 장식과 어울리는 천을 씌워도 좋다.

　바닥재는 마루나 사이잘 삼 같은 천연 자연 소재를 선택한다. 더욱 완벽한 연출을 원한다면 가구를 짙은 나무 색으로 칠한다. 옻칠이 된 화분에 난을 몇 포기 심어 마무리한다.

이런 것도 괜찮아요

- 천을 씌운 심플한 상자 모양의 소파
- 리넨이나 삼베 같은 천연 소재
- 질감이 돋보이는 카펫이나 마루 깔개

▲　순색 쿠션과 어울리는 조각천을 간단하게 바느질하는 것만으로도 눈길을 끌 수 있다.

▲　동양적인 문양이나 서예가 들어간 벽지나 천을 가리개나 벽걸이, 조각천에 이용한다.

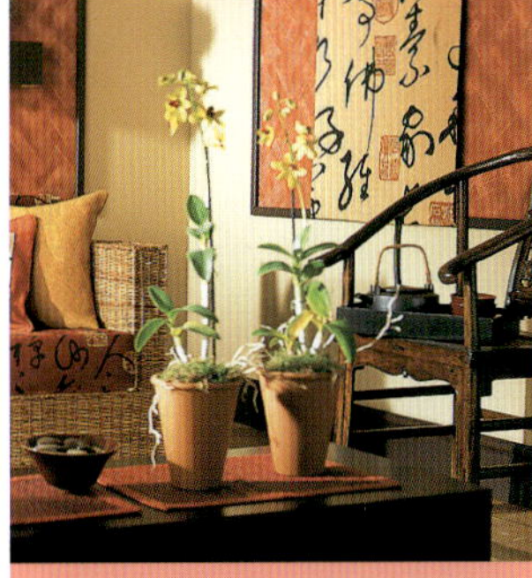

▲　동양적인 분위기를 내기 위해서는 지나치게 요란한 것보다는 소박한 것이 좋다. 소박한 분위기를 내는 사발이나 난처럼 구조적인 아름다움이 돋보이는 화초 정도가 소품으로 좋다.

모던한 전원풍

Modern country

현대적이면서도 전원적인 분위기를 내기 위해 햇살을 가득 머금은 듯한 밝은 노란색과 흰색 가구, 그리고 여름 느낌을 주는 무늬를 섞어 보았다.

햇살 가득 화려한 방이 사랑스럽고 상쾌한 느낌이 나는 흰색 소품들 덕분에 더욱 분위기가 좋아진다. 다른 가구들은 거의 무늬가 없는 데 반해서 노란색, 흰색, 연두색 줄무늬 소파가 시선을 끌어 분위기를 낸다. 노란색 무지 모포가 심플한 색감을 강조하는 반면 줄무늬, 무지, 꽃무늬 쿠션들은 전체적인 분위기를 부드럽게 만든다.

분위기를 완성하기 위해서는 단색 천과 짜임새가 좋은 천을 어울리게 섞어 놓으면 된다. 골이 지거나 격자무늬 짜임새가 있는 모포, 경쾌한 줄무늬 천 쿠션이 어울리듯이 말이다.

벽에는 진한 노란색을 칠하여 배경을 화려하게 만든다. 벽을 단색으로 칠하면 좀 더 모던한 분위기를 낼 수 있다. 창가의 우아한 흰색 보일 패널 커튼은 이런 상쾌하고 쾌활한 분위기를 더해 줄 뿐만 아니라 밝음과 빛을 더해 준다. 흰색 팔걸이의자들은 소파와 어울리는 색 블록을 제공한다. 흰색 가구는 분위기를 상쾌하게 하고, 심플한 흰색 러그로 마감한 체리목 마루는 따뜻하고 아늑한 느낌이 돌게 한다.

- 연노랑색 벽
- 밝은색 원목 가구
- 자연 소재의 카펫

▲　다른 가구나 장식품에 무늬가 많지 않기 때문에 줄무늬가 시선을 사로잡는다.

▲　소박한 전원 분위기를 느낄 수 있도록 쿠션이나 깔개에 꽃무늬를 사용한다.

▲　분위기를 돋우기 위해 분홍색을 써 보자. 분홍색 튤립을 꽃병에 꽂아 방 전체 분위기와 대비되게 했다. 방 여기저기에 조금씩 사용한 분홍 소품이 미세한 색상 대비를 이끌어 낸다.

강렬한 분위기의 침실

Bold bedroom

색상과 대담한 모양에 중점을 두어 상쾌하고 펑키한 분위기를 만들어 보자. 아이들이나 10대 방에 잘 어울리지만 모든 연령대에 맞게 조절도 가능하다.

선명한 분홍색 침구류가 방에 활기를 더한다. 방에 재미있고 아늑한 느낌을 주려면 밝은색 러그와 그린·아쿠아 톤의 쿠션 여러 개가 필요하다. 벽은 아쿠아와 연두색 톤으로 칠한다. 다른 효과를 원한다면 방 전체를 칠하지 않고 한두 면만 칠해도 좋다. 분홍이나 셔벗그린, 아쿠아 같은 파스텔 색상으로 벽에 물방울무늬를 찍어 보자. 물방울무늬를 만들 때는 스텐실 기법을 사용한다. 조그만 롤러 끝에 페인트를 살짝 묻혀서 찍는 것도 좋은 방법이다.

가구는 아주 단순하게 배치한다. 바퀴 달린 플라스틱 수납장과 펑키한 스타일의 밝은색 플라스틱, 합성수지 의자를 두면 좋다. 충전재와 커버만 있으면 되는 의자나 빈백은 사용하지 않을 때는 쌓아 놓을 수 있어서 좋다. 벽에 걸린 자홍색 종이갓 실내등과 MDF에 여러 가지 밝은색 줄무늬를 넣은 그림은 벽을 쉽고 저렴하게 꾸밀 수 있는 방법이다.

이런 것도 괜찮아요

- 밤나무 목재 가구
- 벽을 단색으로 칠하기
- 물방울무늬 대신 심플한 테두리 넣기

▲ 자투리 천으로 만들 수 있기 때문에 돈이 들지 않는다.

▲ 플라스틱 수납장은 아이들 방에 특히 좋다. 색상도 다양하고 화려한 방 분위기를 저해하지 않는다.

▲ 물방울무늬는 방에 재미있는 느낌을 더해 준다. 방 벽에 물방울무늬를 사용하기 싫다면 쿠션이나 깔개 등에 이용한다.

에스닉풍에 도전하기

Ethnic adventure

인도의 보석 색깔에서 영감을 얻어 이국적인 분위기를 연출해 보자.

이국적인 분위기를 연출하기 위해서는 진하고 대담한 색상들을 잘 조합해야 한다. 조각이 아름다운 목재 벤치는 장식적인 역할은 물론 소파 역할도 한다. 여기에 소파와 깔개를 더하여 이국적인 분위기를 연출할 수 있다. 방을 생기 있는 오렌지색이나 핫핑크, 밝은 파란색 실크와 금색 장식으로 만든 여러 가지 쿠션들로 채워 보자. 이국적인 분위기를 더해 주는 스팽글 장식과 비즈 장식, 술 장식을 더해도 좋다. 사리 천과 인도식 자수가 놓인 패브릭들은 이 방에 매우 잘 어울리며, 벽걸이 장식으로도 쓸 수 있다.

색상이 화려한 자수 무늬가 돋보이는 아름다운 보일 커튼이나 사리 천을 이용해서 만든 단순한 패널 커튼을 창에 건다. 벽은 진한 터키석 색상 계열 가운데 쿠션이나 깔개류에 어울리는 색을 골라 칠한다.

키가 작고 색이 짙은 원목 가구로 인도풍 분위기를 유지하고, 장식용으로 좋은 금색이나 은색 소품으로 마무리한다.

- 진한색의 마룻바닥
- 장식 테두리나 패널로 된 단색 벽
- 좀 더 작은 크기의 장식 가구

▲ 시장이나 잡화점에서 구입한 특이한 인도풍 천으로 모포나 벽걸이를 만들어 에스닉풍의 특징적인 물건이 되도록 했다.

▲ 조각이 들어간 진한 원목 가구는 이 방이 에스닉풍으로 디자인되었다는 것을 제대로 보여 준다.

▲ 쿠션으로 재미를 더했다. 바닥과 의자, 소파에 다양한 색상의 쿠션들을 여기저기 놓아두었다.

찾아보기